JN156396

MBD Lab Series

はじめてのModelicaプログラミング

― 1日で読める わかる Modelica入門 ―

広野 友英 著

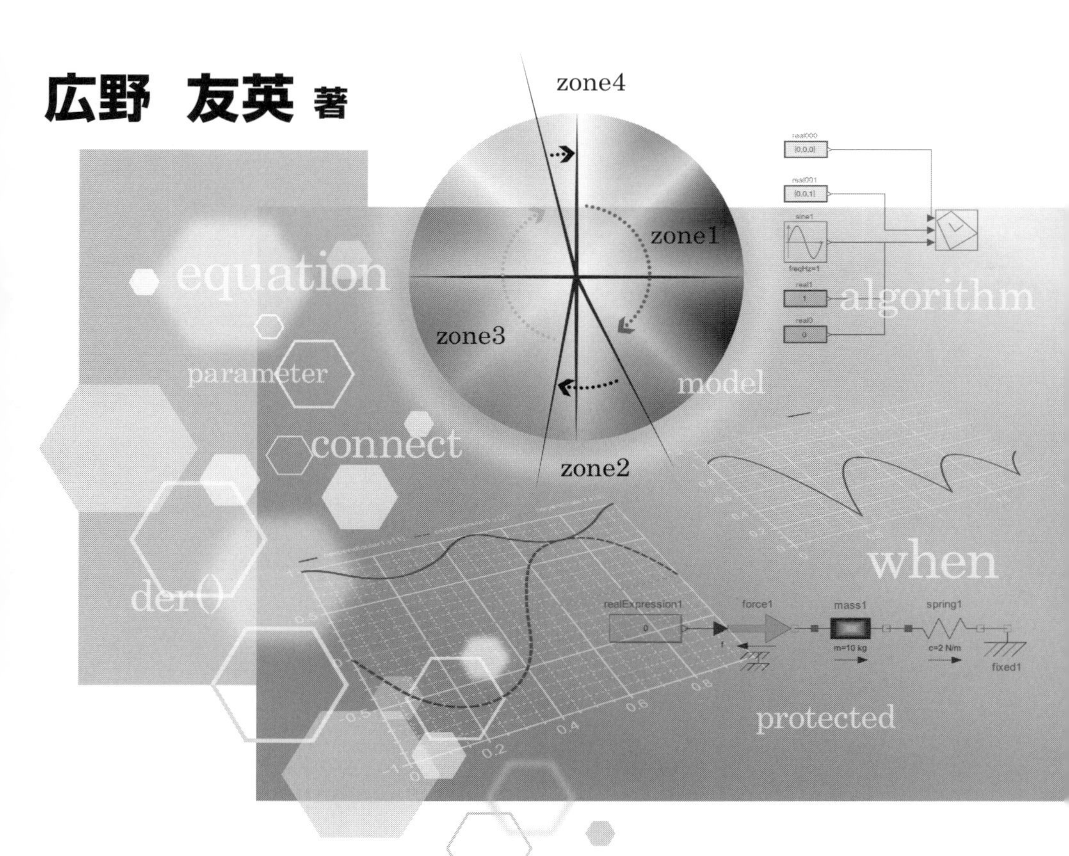

TechShare

はじめに

本書は、「Modelicaによるシステムシミュレーション入門」をすでに読んでいただいた方、まだの方、どちらの方でも読んでいただけることを目指して書いたものです。物理現象のモデル化方法を示す中で、またはシステムというものを考える中でModelicaを使っていこう、という内容が今まで出版されたModelica書籍の底流に流れていた考え方です。本書はもっと即物的に、つまりプログラムを組むためにModelicaを知りたい方が、知りたいことを短時間でわかることに主眼を置いています。

全体で3部構成にしています。第1部は文法編、第2部は例題編、第3部は関連知識編となっています。多くの読者の方の興味の中心はModelica文法になるかと思います。第1部ではModelicaの基礎的な文法を説明しています。第2部例題編では、文法編で学んだことを簡単な例題を通じて前半は復習し、後半ではやや複雑な現象をプログラミングする中で文法知識を整理していきたいと思います。第3部の関連知識編は直接文法とは関係のない部分でもありますが、Modelicaを知る上で重要な概念を説明しています。

2015年に翻訳させて頂いた「Modelicaによるシステムシミュレーション入門」は、Modelica Associationの副会長であるLinköping大学Peter Fritzson教授の「Introduction to Modeling and Simualtion of Technical and Physical System with Modelica®」をできる限り忠実に翻訳したものです。このため、同書はシステムシミュレーションのモデルを構築することに主眼が置かれ、Fritzson教授の著書「Principles of Object-Oriented Modeling and Simulation with Modelica 3.3」で非常に詳しく説明されています（同書には「Introduction to Modeling and Simulation of Technical and Physical Systems with Modelica®」とほぼ同内容が全体の一部として収録されています）。本書でも混乱しない程度に複雑な部分を避けて、しかし前訳書より文法に力点を置いて詳しく書いています。また、文法だけではなく、Modelicaで使用できる文法を活かすためにプログラム、ライブラリ構築という面で実用的な内容を、前訳書では書けなかった私見を加えて書いています。

本書の付録では、誰でもダウンロードすればすぐに使えるツールとしてOpenModelica、中でもGUI操作でモデルが作成できるOMEditの使い方を紹介しています。ぜひとも机上だけの知識に終わらせずに、試しにModlicaでプログラミングしてみて下さい。物理現象のモデルを作る上で、Modelicaが非常に有用な言語であることが良くわかると思います。

本書出版にあたり、さまざまな面でご理解、ご指導をして頂きましたTechShare株式会社 重光貴明氏に心より御礼申し上げます。

もくじ

はじめに iii

第1部　文法編

第1章　最初の例題 **001**
1.1　Modelicaプログラムの構成 003
1.2　Modelicaの基本的な考え方 005
1.2.1　オブジェクト指向 005
1.2.2　部品ベース 007
1.2.3　非因果的な計算 007

第2章　基本文法 **011**
2.1　文の構造 011
2.2　変数宣言 012
2.2.1　Real 012
2.2.2　Integer 013
2.2.3　Boolean 013
2.2.4　String 013
2.2.5　enumeration 014
2.3　識別子（identifier） 015
2.3.1　バリアビリティ（variability） 017
2.3.2　外部からの参照 017
2.3.3　ビジビリティ（visibility） 018
2.4　コメント 019
2.5　方程式の扱い方（equation） 020
2.6　代入とアルゴリズム（algorithm） 023

2.6.1 equation と algorithm の混在 024
2.6.2 equation と algorithm の処理の違い 027

第3章 動的な問題と基本文法（続き） 029
3.1 計算時刻を表す変数 030
3.2 時間微分を表す関数 der() 030
3.3 初期条件の設定 030
3.3.1 属性による初期値設定 031
3.3.2 initial equation による初期値設定 031
3.3.3 initial algorithm による初期値設定 031
3.4 変数宣言 032
3.4.1 実数の持つ属性（attribute） 032
3.4.2 start 属性の利用 033
3.4.3 stateSelect 034
3.4.4 Integer、Boolean、String の属性 035
3.5 配列 035
3.5.1 配列の宣言方法 036
3.5.2 拡張配列定義方法 037
3.5.3 さまざまなクラスの配列 037
3.5.4 成分の数を規定しない配列 038
3.5.5 配列への代入 039
3.5.6 配列の成分へのアクセス 040
3.5.7 実数配列への関数適用 041
3.5.8 配列の四則演算 041
3.5.9 配列用関数 043
3.6 条件分岐と繰り返し処理 043
3.6.1 論理式と論理演算子 043
3.6.2 if による分岐 045
3.6.3 when による分岐と再初期化 reinit 048
3.6.4 for によるループ 051
3.7 組込み関数 053
3.7.1 数学関数 053
3.7.2 イベントに関する関数 055

3.7.3 noEvent の使い方 056
3.8 予約されているその他の関数 057
3.9 拡張と継承 057
3.9.1 部分クラス 058
3.9.2 複数の継承 059
3.10 部分的な入替（replaceable と redeclare） 060
3.10.1 extends を用いた入替 061
3.10.2 constrainedby による入替 062
3.10.3 入替の注意点 062
3.11 annotation（アノテーション）とヘルプドキュメント 063
3.11.1 配置情報 063
3.11.2 コネクション情報 063
3.11.3 クラスのアイコン情報 064
3.11.4 ヘルプと情報 064
3.12 実行時エラー処理（assert） 064

第 4 章 ライブラリ構成 067

4.1 ライブラリ作成と特化したクラス（Specialized Classes） 067
4.2 ライブラリ構成の考え方 069
4.3 特化したクラスの詳細 069
4.3.1 package 069
4.3.2 connector 072
4.3.3 model 073
4.3.4 block 075
4.3.5 function 075
4.3.6 record 078
4.4 名前の付け方（Naming Convention） 079
4.4.1 標準的な名前の付け方 079
4.4.2 例外的な名前の付け方 080
4.4.3 クラスの名前が果たす役割 081
4.5 ルックアップルール 083
4.5.1 import によるパスの省略 084
4.5.2 encapsulated による探索の終了 084

4.5.3 outer と inner 085

第5章 MSL（Modelica Standard Library）の構造 091
5.1 MSL 091
5.1.1 MSL の構成 092
5.2 MSL の構造から学ぶ 093
5.2.1 Modelica.Mechanics.Translational の構成 093
5.2.2 Examples 094
5.2.3 Interfaces 094
5.2.4 部品（Components） 101
5.2.5 Sensors 104
5.2.6 Sources 105

第2部 例題編

第1章 基本的な Modelica プログラム 109
1.1 例題1：ベクトル演算 109
1.1.1 考え方 109
1.1.2 プログラム例 109
1.1.3 実行例 110
1.2 例題2：パラメータを持つ微分方程式を解く 111
1.2.1 考え方 111
1.2.2 モデルの発展 112
1.3 例題3：跳ねるボール 113
1.3.1 考え方 113
1.3.2 プログラム例 113
1.3.3 実行例 114
1.3.4 ゼノ効果 114
1.3.5 例題の発展 115

第2章 ライブラリの作成例題（熱ライブラリを作成する） 117
2.1 ライブラリの部品―熱ライブラリに必要なクラス 117
2.1.1 部品のリストアップ 117

2.1.2 接続部の定義 …… 118
2.1.3 部品の式 …… 119
2.2 ライブラリの構成 …… 120
2.3 クラスの作成 …… 121
2.3.1 熱容量 …… 121
2.3.2 熱伝導 …… 121
2.3.3 熱伝達 …… 122
2.3.4 温度境界 …… 123
2.3.5 熱流量境界（発熱源） …… 123
2.3.6 温度計 …… 124
2.3.7 熱流量計 …… 124
2.3.8 例題の作成 …… 125
2.4 構成の見直し …… 126
2.4.1 全体的な構成 …… 126
2.4.2 部分的な修正 …… 126
2.4.3 修正とその時期 …… 127
2.5 ライブラリ拡張の例題 …… 127

第3章 特殊2サイクルエンジンの燃焼プロセスモデル化 129

3.1 エンジンの動作 …… 129
3.2 定式化 …… 131
3.2.1 ゾーン共通式 …… 131
3.2.2 ゾーン別の式 …… 131
3.3 条件文 …… 132
3.4 初期値設定と初期化、再初期化 …… 134
3.5 その他 …… 135
3.6 完成したプログラム …… 135
3.7 計算結果 …… 137
3.8 最終的なプログラム …… 138

第3部　関連知識編

第1章　非因果モデル **143**

1.1　スルー変数とアクロス変数 143
1.1.1　電気回路における例 144
1.1.2　各物理分野 144
1.2　因果と非因果、algorithm と equation 145
1.2.1　因果的な物理モデル化 146
1.2.2　因果を非因果的に接続する 147
1.2.3　非因果による解決 148
1.2.4　非因果の弱点 148

第2章　Modelica の計算手順 **151**

2.1　ソースコード、Modelica の式 152
2.2　階層のないモデル 153
2.2.1　Mass について 153
2.2.2　Spring について 155
2.2.3　Fixed に関して 157
2.2.4　Force について 157
2.2.5　RealExpression 159
2.2.6　式と変数 159
2.3　フラット化 160
2.4　方程式のソート 161
2.5　最適化、C コード生成、実行モジュール化 163

付録　OMEdit を使ってみよう

OpenModelica/OMEdit を使ってみよう **167**

1. グラフィカルなモデリングを試してみよう **169**

1.1　新規クラスの定義 170
1.2　必要要素の配置 171
1.3　要素間の接続 172

1.4 特性設定 173
1.5 保存と実行 173
1.6 結果の表示 175

2. OMEdit の画面構成 177
2.1 モデリングとプロット表示の切り替え 177
2.2 ライブラリブラウザ 177
2.3 メッセージブラウザ、変数ブラウザ 178
2.4 モデリングの 4 つのビュー 179
2.5 ブラウザ、ツールバーの表示 / 非表示 180

3. テキストビューでライブラリを作る 181
3.1 パッケージ構造の作成 181
3.1.1 第 1 階層の定義 181
3.1.2 第 2 階層の定義 182
3.1.3 第 3 階層の定義 183
3.2 各モデルの編集 184
3.2.1 PartialDistance の完成 184
3.2.2 PartialMass の完成 184
3.2.3 Parabola の完成 185
3.3 保存 185
3.4 実行 186
3.4.1 モデル Parabola を直接実行する 186
3.4.2 新規モデル上で Parabola を実行する 187

4. アイコンビュー 189
4.1 画像描画ツール 190
4.2 アイコンビューの画像 191

参考文献 193

索引 195

第 1 部
文法編

第1章
最初の例題

いろいろなことを書くよりもまずModelicaという言語を用いてどのようにプログラムを作ることができるのかを見ていきたいと思います。

1.1　Modelicaプログラムの構成

プログラムを見てみましょう。

```
// The first sample class
class FirstModel "This is your first Modelica Program"
//Declaration of Variables
Real x;
//Declaration of parameters
parameter Real a=3;
//equation section
equation
  x^2=a;
end FirstModel;
```

Modelicaでは時間の概念、つまり動きを持つモデルの計算をすることが多いのですが、ここではもっと初歩的な、動きのないモデルで文法を考えてみたいと思います。なおモデル（model）だとかクラス（class）だとか、いろいろな言葉が出てきますが、それらは順を追って説明していきます。

//はコメント行を示します。

　class クラス名

このモデル（class）の名前はFirstModelです。

Real x;

実数変数はRealで宣言します。

行の最後はセミコロンで終わります。

parameter Real a=3;

パラメータ（parameter。Modelicaでは計算を開始する前の段階で変更でき計算途中では変更できない「変数」をパラメータと呼びます。）として実数のaを宣言します。ここではデフォルト値として3を設定しています。

equationはModelicaで最も特徴的なキーワードです。通常の「代入型」のプログラミング言語と異なり、equationの後に続く式は「等式」であり「方程式」を示すだけです。

ここでは

```
x^2=a;
```

であり、a=3と宣言されているので

xはxの自乗（x^2）が3になる値

として計算されます。xは1.7320508...となります。（符号が異なるx=–1.7320508…については別途考えます。）

クラスの最後は

end クラス名;

で締めくくられます。

なおほとんどのModelicaツールでは、計算結果をグラフでプロットするか、数値を文字列でファイルに書き出すことしかできません。このため、一般的なプログラム言語で用いられる「Hello World!」という文字列を打ち出す内容の例題は紹介しないのが通例となっています。

まだ説明していない部分もありますが、全体をまとめると次のような形になります。

```
クラス　名前
内部で使用するクラスの宣言
初期化
```

等式（方程式）またはアルゴリズムによる計算内容
クラスの終了

これでModelicaプログラムの構造と書き方が分かりました。いろいろとある細かい文法の説明に入る前に少しだけModelica言語の背景にある「概念」を説明しておきます。

1.2 Modelicaの基本的な考え方

Modelicaは「オブジェクト指向」「部品ベース」で「非因果的」な計算を行います。ここではまずその1つ1つを考えてみます。

■ 1.2.1 オブジェクト指向

Modelicaではクラス（class）という考え方を導入しています。classの中には最初の例のように、

変数、パラメータ、計算内容

を一つにまとめることができます。

classは設計図に相当するものです。設計図から実際に作られたものをオブジェクト（object）またはインスタンス（instance）と呼びます。

例としてFirstModelを使ってオブジェクトを作成してみます。

```
class TwoFirstModels
FirstModel firstModel1(a=1);
FirstModel firstModel2(a=4);
  class FirstModel "This is your first Modelica Program"
  Real x;
  parameter Real a=3;
  equation
    x^2=a;
  end FirstModel;
end TwoFirstModels;
```

設計図であるFirstModelを用いてオブジェクトであるfirstModel1とfirst-Model2を定義しています。

文法的には後ほど詳しく説明しますが、FirstModelと宣言した2行目と3行目の最後に書いた(a=1)と(a=4)でパラメータaの値をデフォルトの3から変更しています。

このように設計図であるクラスと実体であるオブジェクトは異なる存在です。編集を行う際にはそれがオブジェクトなのかクラスなのか区別して下さい。クラスを編集すると、そのクラスから生成されるオブジェクトは全て影響を受けます。一方でオブジェクトはパラメータを除いて編集できません。

この例題ではclass TwoFirstModelsの中の4行目から9行目でclass FirstModelを定義して、クラス内部でオブジェクトを作成しています。このような入れ子構造をとることができることも覚えておいて下さい。

継承

Modelicaにおいてもう一つ重要な点は、継承(inheritance)という考え方です。

Modelicaでは、基になるクラスの内容をそっくり引き継いで、引き継いだその中の全ての内容にさらに新しい内容を付け加えることができます。この引き継ぐことを「継承」と呼んでいます。継承はextendsというキーワードで行われます。

例えば、

```
class FirstModelExtended
extends FirstModel;
Real y;
equation
a*a=y;
end FirstModelExtended;
```

と書くと実質的に

```
class FirstModelExtended
Real x;
```

```
parameter Real a=3;
Real y;
equation
x^2=a;
a*a=y;
end FirstModelExtended;
```

と等価になります。共通の部分を作成しておくことにより、毎回同じプログラミングをする必要がなくなります。拡張（extends）により、継承が行われソースコードの作成が簡単になるだけでなく保守性も向上します。ただし引用元の内容を変えると、その引用元を利用している（継承している）すべてのクラスの内容が変わってしまうので、引用元を変える場合には注意が必要です。

なお継承される基になるクラスをスーパークラス（superclass）またはベースクラス（base class）、継承したクラスをサブクラス（subclass）または派生クラス（derived class）と呼びます。3.9でより詳しい議論を行います。

なおここで示したクラスFirstModelExtendedはaの平方根xとaの自乗yを求めるだけのプログラムです。あくまでも文法説明だけのもので、実際に使用されることはないと考えて下さい。

■ 1.2.2　部品ベース

Modelicaでは一つの大きなプログラムの中でモデルを考えるのではなく、実際の「部品」に近い単位でモデル化を考えて行きます。このようにすることで、汎用化を行うことができ、プログラムの再利用性が高まります。後に述べるMSL（Modelica Standard Library、モデリカ標準ライブラリ）には各種の部品が登録されています。例えば機械の回転系であれば、ギアやブレーキ、電気系であれば、抵抗、コンデンサ、コイル。2つの分野を組み合わせた電機-メカ融合領域には同期モータ、非同期モータ、直流モータなどがあります。これらを組み合わせてより本格的な部品を作ることができます。

■ 1.2.3　非因果的な計算

プログラムを作ったことがある人であれば、「代入」により計算を行っていくのが当たり前の考え方です。Modelicaでも代入を用いて計算を行うことはできます。しかしModelicaには「等式（方程式、equation）」という考えが導入されており、代入よりも等式の使用をより勧めるべきだとされています。

方程式はあくまでも式の中の変数が満たす関係を示しているだけです。例えばニュートンの第一法則

ma=f

はm=f/a、a=f/mと書いても同じ意味を持つと解釈されます。代入形式で書かれていなければModelicaでは方程式を表しており、従ってどのように変形されるかは、そのほかの式との関係から処理系（すなわちModelicaの各ツールが持つ数式処理）が判断し決定します。処理系によってはその最終的な式を表示することも可能ですが、意識的に見なければどのような式になっているかは分りません。

一般的なプログラミング言語では

入力となる変数uを使って出力となる変数yに計算結果を代入する

ことで処理が行われます。計算に使われる変数uと結果変数yの間には一意の関係があり、これを「因果（causal）」と呼びます。ところが実際の部品が持つ物理現象ではu→yの関係ではなくy→uの関係が成り立つこともあります。例えば電気モータでは、通常は電流を与えてトルクを発生させるわけですが、使用条件により発電機になることもあります。電流⇒トルク変換、トルク⇒電流変換のいずれが起こるかは予め決めることはできません。因果的にモータ（場合によっては発電機）をモデル化する場合には、予め場合分けして複数の計算モデルを作成し、その場合分けに従って計算モデルを切り替えながら使用してやる必要があります。

さて今まで説明してきたように電気モータは発電機にもなります。このように入力⇒出力の関係が決まらない関係を「非因果（acausal）」と呼びます。Modelicaの方程式の解き方はまさにこの非因果的な解き方を行っていることになります。方程式は計算の対象となるクラス全体で連立方程式として扱われますので、変数の数と式の数が同じでなければ解くことができません。しかし変数の数と式の数を同数に揃えることができれば、あとは処理系に連立方程式の展開を任せて答えを求めることができます。第三部で例題を用いて連立式の立て方を説明します。

なおこのように処理系に任せた解き方には「独立変数を意図した通りに決め

ることができない」という問題があります。ma=f の例では、f は分かっている（独立変数にしたい）場合と、a が分っている場合とがあります。f を独立変数にすべきか、それとも a を独立変数にすべきかはユーザが判断した方が好ましい場合はどうしたらよいのでしょうか。これを解決し、利用者が独立変数を定める方法として Modelica では変数の属性（attribute）として「StateSelect」（3.4.3 参照）を適切な値に設定するという方法があります。なお因果と非因果については第三部で詳しく説明します。

第 2 章
基本文法

第 1 章では、非常に簡単な例題を用いて、その中で使用されている式などを説明することで Modelica 言語の雰囲気を味わってみました。それではここからはあらためて Modelica の基本文法をきちんと見てみましょう。

2.1　文の構造

一つの文は ;（セミコロン）で終わります。

```
class FirstModel
文;
end FirstModel;
```

の形です。文が長くなる場合や、区切りを入れて記述したい場合、次のように行を分けて書くことができます。

```
class FirstModel
文前半
文後半;
end FristModel;
```

ツールによっては、1 行でプログラムを書いても自動的に複数行に分けてしまうものもあります。

2.2 変数宣言

Modelicaで扱うことができる変数には次の4つのタイプがあります。これらは大文字で始まっていることに注意して下さい。大文字で始まることの意味は説明していく中で理解できると思います。

Real

Integer

Boolean

String

さらに

enumeration

は列挙された値を持つ変数を定義するのに使用されます。このほかに

Complex

が多くの場合使用できます。

■ 2.2.1 Real

Realは実数宣言です。プログラミング言語によっては単精度、倍精度、4倍精度などさまざまな種類を持つものもありますが、Modelicaでは実数はRealだけです。Modelicaツールを作成する場合の指針としてIEEE基準に基づく推奨で、倍精度で正の数としては最大1.7976931348623157E+308を越え、最小2.2250738585072014E−308を下回る数字を表現することができることが望まれています。多くのツールで実現されています。

13.、13E0、1.3e1、0.13E2は同じ値をとります。

実際に変数を宣言する場合

```
Real x;
```

```
Real x,y;
```

のように表記します。2番目の形式のように、1つの変数を定義するたびに1

行ずつRealを使うのではなく、Realを書いた後に、複数の変数名を列挙して定義することも可能です。

■2.2.2　Integer

整数はIntegerとして定義します。こちらもsignedやlongなどの種類はありません。

−2147483648から+2147483647が最低推奨保証範囲です。

```
Integer y;
```

Modelicaではi、j、kなどを整数として扱う慣例は「ありません」。ただし後述のfor loopではiなど1文字だけで定義された変数を整数のカウンターとして使用することが多く見受けられます。

■2.2.3　Boolean

Booleanは論理数を宣言します。

```
Boolean switch;
```

trueまたはfalseの値をとりtrueは1、falseは0の数値と等価です。

■2.2.4　String

Stringは文字列です。入力のみ可能で、出力することはできません。

```
String springState='linear';
```

このようにStringで定義された文字列に値を代入するには、'（シングルクオーテーション）で前後をくくって値を与えます。

特殊文字をStringに含む場合にはバックスラッシュ（エンサイン）を使用します。

表記方法	内容
\'	シングルクオテーション
\"	ダブルクオテーション
\?	クエスチョンマーク
\\	バックラッシュ
\a	alert（bell、code 7、ctrl-G）
\b	バックスペース（code 8、ctrl-H）
\f	フォームフィード（code 12、ctrl-L）
\n	ニューライン（code 10、ctrl-J）
\r	リターン（code 13、ctrl-K）
\t	水平タブ（code 9、ctrl-I）
\v	垂直タブ（code 11、ctrl-K）

使用例
\tThis is\″ between\″ us.\n\r
は （タブ） This is ″ between″ us.（新しい行、リターン）
となります。

■ 2.2.5 enumeration

選択肢を用意することで、

- ●パラメータの組合せ
- ●モデル内の構成内容（部品）の有無

を変更させることができます。使用するためにはまずtypeの宣言が必要です。

```
type Thickness=enumeration(
  Thin   "Less than 1mm",
  Middle "Greater or equal to 1mm, Less than 2mm",
  Thick  "Greater or equal to 2mm") ;
```

と用意して

```
parameter  Thickness boardThickness=Thickness.Middle;
Real pressure;

equation
  if boardThickness == Thickness.Thin then
    pressure =10;
  elseif boardThickness == Thickness.Middle then
    pressure =20;
  else
    pressure =30;
  end if;
```

のように使用することができます。ここで == は左辺と右辺が等しいかの論理演算子で、if 文 elseif、end if なども出てきていますが、それらは3.6などで説明します。

2.3 識別子（identifier）

プログラムの中でオブジェクトや変数（変数もオブジェクトの一種なので結局はオブジェクトを指すだけですが）に名前をつけます。またオブジェクトの設計図であるクラスにも名前が必要です。名前の付け方には次のルールを持ちます。

使用できる文字

英文字、数字、_（アンダースコア）からなる。

英文字の大文字、小文字は区別する。

名前の先頭文字

数字から始めてはいけない

正しい例　a、a1、_a

誤った例　1a（数字で始まる）

a@1、b#2（使用できない文字を含む）

このほかに'（シングルクォテーション）で前後を挟むという方式も使用できます。

'P#1'

この方式を用いると禁止文字を気にすることなく使用することができます。しかし、この用法はあまり見たことがありません。

各オブジェクトを定義する上での識別子なので同じ名前を一つのクラスの中で使用することはできません。

```
class WrongName
//Wrong names
  Real a1;
  Integer a1;
end WrongName;
```

ここではRealとIntegerという2つの異なるクラスでa1を定義しようとしていますが。クラスが異なっていてもa1を2回使用することはできません。

この例ではどちらも変数を宣言するRealとIntegerですが、それ以外、例えばそれが電気抵抗とコンデンサを表すオブジェクトにつけようとする名前であっても同じ名前を使用することはできません。

```
class RightName
//Grammatically correct
  Real a1;
  Integer A1;
end RightName;
```

a1とA1は区別されるので文法的には正しい使い方です。しかし、文法的には正しいのですが、あまり好ましい名前の付け方とは言えません。「4.4　名前の付け方（Naming Convention）」で議論します。

■ 2.3.1　バリアビリティ（variability）

Modelicaでは変数の値が変わる（変えられる）時期によって次の4種類の区分を設けています。これらは変数を定義する場合に予め定義文とセットで使用します。

variability	変数の宣言時使用するキーワード	意味
constant	constant	固定された変数。終始値を変えることはない。
parameter	parameter	パラメータ、計算の開始時点で固定される。
discrete-time	discrete	時間離散的に変化する値をとる
continuous-time	特に用いない	時間連続的に変化する値をとる

従って実質的に変化するのは下の2つとなり、constantやparameterを用いて宣言された変数は計算途中で値を参照されるだけとなります。

各宣言は次のように使用します。

```
constant Real x=1.0;
parameter Real y=1.0;
discrete Real z;
Real w;
```

ただし多くの場合、parameter Realのような表記をしますが、constantは明示的にわかり易くする場合を除いて使用していません。

人により（プログラミング言語系列の知識経験度合により）constantやparameterのように変化できない数を変数と称して良いか、という議論はあるかもしれませんがModelicaの中ではこれらも含めて変数として扱っています。

この変化できる度合をバリアビリティ（variability）と呼んでいます。

■ 2.3.2　外部からの参照

Modelicaではクラスの中のオブジェクトは外部から参照することができま

す。クラスABCが次のように定義されていたとします。

```
class ABC
  Real a;
  Real b;
end ABC;
```

このクラスの中の変数aやbを外部から参照する場合にはどのように記述したらよいでしょうか。class XYZからaやbは次のように参照することができます。

```
class XYZ
  ABC aBC1;  //aBC1 is an object of Class ABC
  Real x;
equation
  aBC1.a=x;
end XYZ;
```

つまりABCで定義されたオブジェクトaBC1の中の変数aは.（ドット）で参照することができます。Modelicaではa.b.c.dと書くとaの構成要素であるオブジェクトbの、その構成要素であるオブジェクトcの、その構成要素であるオブジェクトdを意味します。構成要素はIntegerやRealという通常の変数以外でもまったく共通です。

■ 2.3.3 ビジビリティ（visibility）

前述のようにクラスの中のオブジェクトは外部から参照することができます。しかし参照を許可したくない場合もあります。参照を許可されているか否かをビジビリティと呼んでいます。ビジビリティには2種類存在します。

public	外部参照を許可します（デフォルト）
protected	外部参照を許可しません

これらのキーワードは次のように使います。

```
public
  Real a1;
  Integer a2;
protected
  Real b1;
  Boolean b2;
public
  Real c1;
```

最初のa1、a2最後のc1は外部から参照できます。b1、b2は参照できません。このようにpublic、protectedともに次のキーワードが出てくるまでその状態が保持され、変数毎に宣言は不要です。また上の例では最初のpublic宣言はデフォルトと同じなので宣言がなくても同じ内容になります。

2.4 コメント

Modelicaではコメントの入れ方に3つの方法があります。

//	これ以降の内容は次の行になるまでコメントとして扱われます。 Real a; //Variable a is defined as Real.
/* ... */	/* から次の */ の間は改行を含む全てがコメントとして扱われます。 Real a; /* comment begins Real b; comment ends*/ b の宣言は /* と */ の間であるためコメントとして、実際の処理とは無関係になります。
"..."	これは前の2つのコメントと異なり処理系に影響を与えます。

```
parameter Real g=9.8 "gravitational acceleration in SI unit";
```

パラメータとして実数gを定義する際に、そのパラメータの説明としてダブルクオテーション"で両側をくくって与えます。

```
parameter Real x0 = 1.0 " Initial Displacement ";
parameter Real v0 = 0.0 " Initial Velocity ";
```

と書かれていると、ツールでは"でくくられた間の文字列をコメントとして表示するのが一般的です。

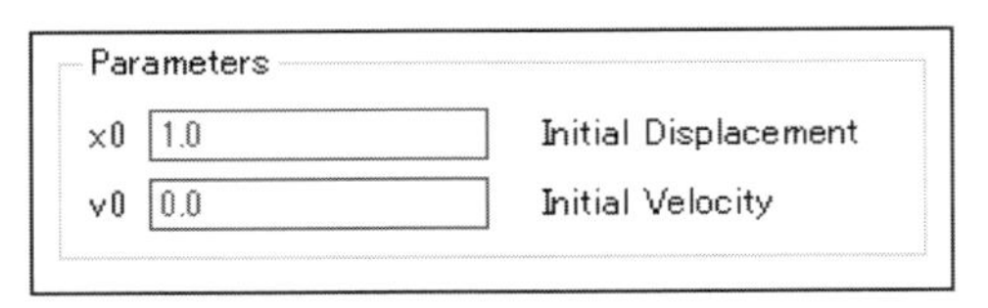

図 I -2-1　parameter で定義された変数のコメント

クラスそのものの定義でも使用することができます。

```
class CommentSample "sample class for comment display"
...
end CommentSample;
```

2.5　方程式の扱い方（equation）

最初の例題で示したように equation は Modelica における非常に特徴的な部分です。

簡単に説明するために各変数の定義は省略しますが、以下の例題ではすべて変数は実数 Real です。

equation で始まる一連の部分を equation セクションと呼びます。

```
equation
  x^2=1-y;
  x=3;
```

このクラスを実行すると解は x=3、y=−8 となります。

これらは式の順序を入れ替えて

```
equation
  x=3;
  x^2=1-y;
```

と書いても、左辺、右辺を入れ替えて、左辺の項を右辺に移項して

```
equation
  3=x;
  x^2+y=1;
```

と書いても同じことを意味します。式の現れる順序やその項が右辺にあるか左辺にあるかは関係ありません。従って式を記述する上で気を付けなければならないのは式を解く順序ではなく、独立式の数と未知変数の数が一致しているかどうかという点のみになります。

例えば文献に

$\lambda = \lambda 0 \times (\alpha \times h1 + \beta \times h2)$

ただし h1+h2=1、$\lambda 0$、α、β は定数

と記述されていたとします。この場合には未知変数がλ、h1、h2 の 3 つあるのに対して、式が 2 つしかないので解くことができません。もう一つ式を見つけるか、変数を減らす必要があります。ここで h1 がパラメータ変数であるとすれば未知変数が 2 つとなりますので、式の数と等しくなります。

```
Real lambda0=1e-8;
Real alpha = 4e3;
Real beta = 3e4;
Real lambda0;
Real h2;
parameter Real h1=0.95;
equation
  lambda=lambda0*(alpha *h1 + beta * h2);
  h1+h2=1;
```

と書くことで実行可能なプログラムにすることができます。

プログラミングに長けてくると、変数を減らしたり計算を高速化しようとして人間が先回りして考えて、第2の式から h2=1–h1 と置き換えたくなると思います。つまり次のように

```
Real lambda0=1e-8;
Real alpha = 4e3;
Real beta = 3e4;
Real lambda0;
parameter Real h1;
equation
  lambda=lambda0*(alpha *h1 + beta * (1 -h1));
```

と書き直すことがあります。もちろんこれでも構いませんが、これは Modelica の処理系でも計算前に行うシンボル解析・数式処理と呼ばれる事前処理の中で実行してくれることなので、それほど高速化できません。プログラムを書く（モデルを作成する）上では、式や変数を減らすことよりも、その後プログラムを読んでどちらがわかり易いのか、可読性が高い形式がどちらであるかを考えた方が良いとされています。

x、y、zを連立させて解いてみます。

```
equation
  -x^3+6*x=5*sin(y);
  z=asin(y);
  z=1-sin(0);
```

を解くと、x=1、y=1.5707...、z=1が解となり出力されます。

このようにequationセクションではその中に書かれている式（方程式）を連立させて各変数の値を求めてくれます。

しかし実際にはこの例題ではxに複数の解が存在します。x=1以外の解を必要とする場合については後で初期値の設定と関連づけて説明します。

2.6 代入とアルゴリズム（algorithm）

今までModelicaでは連立方程式を解くことができる、と書いてきました。一方で通常のプログラムのように代入により考える方が合理的な部分も存在します。この場合equationセクションに加えてalgorithmセクションを用います。

単純に2つの実数x、yの和をzに代入する場合には

```
algorithm
  z:=x+y;
```

と書きます。equationセクションでは左辺と右辺を結ぶ記号を等号（=）で書いていましたが、algorithmセクションでは代入文であることを意識させ、equationと区別するために等号ではなく代入記号として:=を用います。左辺には単独の変数だけが来ます。

誤った例

```
algorithm
  z=x+y;  //:= must be used
  x+y:=z; //only a single variable can exist in left hand side
  x^2:=y; // left hand side must be a variable but not an expression
```

このようにalgorithmセクションではequationセクションと代入記号だけが違うのではありません。犯しやすいミスとしてequationセクションの内容をalgorithmセクションへコピーしたり逆の操作を行ったりした際に、前述の制限を忘れてしまう事が挙げられます。

■2.6.1 equationとalgorithmの混在

equationセクションとalgorithmセクションはクラスの中で混在させることができます。

```
equation
....
algorithm
....
equation
....
```

のように順番に並べることができます。equationセクションでは=、algorithmセクションでは:=を用いることはすでに説明しましたが、キーワードであるequationとalgorithmが現れることによってセクションの切替えが行われます。

equationセクションに出てくる式は連立方程式を構成する式なので複数のequationセクションがあっても、どの順で書かれても結論的には同じです。一方でalgorithmセクションに書かれる式は代入式なので、現れる順番に影響されます。またalgorithmのキーワードが出てくるたびに別の代入処理となるので前のalgorithm式の内容は引き継がれません。

通常の algorithm、equation セクションの共存

algorithm、equation セクションをそれぞれ 1 つずつ持つ場合を考えます。

```
class AlgorithmEquation
    Real x, y(start = 1.0);
  algorithm
    x := 1.0;
    x := x + 1.0;
  equation
    y = der(y);
end AlgorithmEquation;
```

このクラスでは単純に

x:=2.0;

と書いたのと同じ結果になります。

algorithm セクションが 2 回現れるクラス

2 つ algorithm セクションが現れるモデルを考えます。

```
class AlgorithmAlgorithmEquation "Error Model 3 Equations
2 Variables"
    Real x, y(start = 1.0);
  algorithm
    x := 1.0;
  algorithm
    x := x+1.0;
  equation
    y = der(y);
end AlgorithmAlgorithmEquation;
```

先ほどのクラスの algorithm セクションの 2 番目の式を後ろに持ってきました。

この場合、2つのセクションは別々に扱われるために、変数2つに対して3つの式が存在することになり、モデルはエラーになってしまいます。次のようにalgorithmとequationを分離して記載してもエラーになります。

```
class AlgorithmEquationAlgorithm "Error Model 3 Equations
2 Variables"
    Real x, y(start = 1.0);
  algorithm
    x := 1.0;
  equation
    y = der(y);
  algorithm
    x := x+1.0;
end AlgorithmEquationAlgorithm;
```

2つのalgorithmセクションで計算可能な場合

式と変数の数が合えばalgorithmセクションが2つあっても計算は可能になります。次のクラスではzがxの従属変数になり、問題なく計算できます。

```
class  AlgorithmEquationAlgorithm2nd  "3  Equations  3
Variables"
    Real x(start=1.0), y(start = 1.0),z(start=1.0);
  algorithm
    x := der(x);
  equation
    y = der(y);
  algorithm
    z := x + 1.0;
end AlgorithmEquationAlgorithm2nd;
```

■ 2.6.2 equation と algorithm の処理の違い

連立方程式を立てる上で定数を式の一つに組み込むことがあります。例えば

```
equation
  S=3.14*5.0^2;
  V=S*height;
```

これは

```
algorithm
  S:=3.14*5.0^2;
  V:=S*height;
```

と書くのと違いがあるのでしょうか。

見た目は同じです。結果も同じになります。しかし内部の計算手順は異なります。equation セクションで記述すると連立方程式を立てる上で式の簡素化を事前に行います。その結果としてSは定数になってしまうので、実際には時刻歴的な計算中には1度も計算されることはなく、前処理段階で定数として算出されるだけです。一方で algorithm セクションでは前から順番に計算していくので、時刻歴的な計算では毎回Sを算出するための代入処理とVへ代入するための S*height の計算が行われます。従って同じ計算をさせるのであれば、algorithm セクションでの計算を避け可能な限り equation セクションで計算をさせるようにすべきとされています。

第3章 動的な問題と基本文法（続き）

ここまではModelicaの文法の基本的な部分を、時間の概念を持たないモデルを使って説明してきました。ここからはModelicaの得意分野である時間の概念を導入して考えて行きたいと思います。

ここでは次に示すクラスDynamicModelを例として取りあげて見ていきます。このクラスは初期位置x0、初期速度v0で自由落下するときの座標x、速度v、加速度aを求めるものです。座標系としては重力の反対方向を正とし、重力加速度を4行目で負の値として設定しています。

```
class DynamicModel
Real x(start=x0) "position";
Real v "velocity",a "acceleration";
parameter Real g=-9.8 "gravitational acceleration";
parameter Real x0=0 "initial position";
parameter Real v0=10 "initial velocity";
//set initial condition
initial equation
v=v0;
//equations for motion
equation
  v=der(x);
  a=der(v);
  a=g;
end DynamicModel;
```

3.1　計算時刻を表す変数

計算時刻を表す変数はtimeです。予約語です。この例題ではまだ使っていません。

3.2　時間微分を表す関数der()

時間微分d/dtを表す関数がder()です。この例題では位置xを時間微分すると速度vが求められ、速度vを微分すると加速度aが求められることを

```
v=der(x);
a=der(v);
```

の2つの式でそれぞれ表しています。また

```
a=g;
```

で加速度がgで表せることを示しています。前述のようにgの値をマイナスにしているので重力方向は座標系に対して負の方向になっています。

Modelicaは連立方程式を自動で解く、と何回か書いてきましたが、各変数の時間微分をとった変数を新たな変数として置き換えることにより式を組み立てていることに注意して下さい。この例では、未知数をx、v、aの3つにして、先に述べたv=der(x)、a=der(v)、a=−gの3式を立てることにより3変数で3つの式を連立させる連立方程式が成立しています。変数と式の過不足がないので、それぞれの値を求めることができます。

3.3　初期条件の設定

この例題では2つの初期値設定方法を用いています。

```
Real x(start=x0) "position";
```

```
(略)
parameter Real x0=0 "initial position";
```

と

```
initial equation
v=v0;
```

です。

■ 3.3.1　属性による初期値設定

オブジェクトには様々な属性（attribute）を与えることが可能です。

Realで定義しているxに対しては複数の属性があります。その属性の一つにstart属性があります。属性は()を付けてその属性に合った値（数値とは限らない）を与えます。ここで与えたstart属性は計算開始時の値としてx0を使うことを意味しています。別にparameterとして指定しているx0を指定しているので、実行前に変更することができます。

またx0はxの定義よりも後に出てきますが、ここでも順番は関係ありません。使用される変数が揃っていればそのまま使用できます。追加の情報と合わせて3.4.2にも示しますので必ず参照してください。

■ 3.3.2　initial equationによる初期値設定

第二の設定方法がinitial equationです。initial equationは初期計算として一度だけ行われます。この例では単純に初期値を代入しているのと等価な式が書かれているだけですが、複数の式を書くことは何ら問題がありません。この結果initial equationも連立方程式として取り扱われますので、別の式と矛盾のある式を書くことはできません。

■ 3.3.3　initial algorithmによる初期値設定

initial equationがあるということはinitial algorithmもあるのではないかと思う読者も多いと思いますが、ご期待通りinitial algorithmも存在します。

```
initial algorithm
  v:=v0;
  v:=v*1.1;
```

上記例であれば、2番目に1.1倍されたvの値が初期値として使用されることになります。

3.4　変数宣言

Modelicaで用いるReal、Integer、Boolean、Stringは予めModelicaで定義されているタイプです。これらは実際にはそれぞれ値を保管する「value」に加えて様々な属性を持っています。「value」はそれぞれRealType、IntegerType、BooleanType、StringTypeで定義されています。

■ 3.4.1　実数の持つ属性（attribute）

実数の持つ属性をすべて挙げると次のようになります。

Realの属性

属性	定義タイプ	説明
value	RealType	格納されている値
quantity	StringType	物理量の種類。例えば「質量」
unit	StringType	物理量の単位
displayUnit	StringType	表示の際に使用される物理量の単位
min	RealType	最小値
max	RealType	最大値
start	RealType	初期値
fixed	BooleanType	初期値の優先度（trueまたはfalse）
nominal	RealType	定格値
stateSelect	StateSelect	変数としての独立性

この表から判るように、計算に使用される値valueだけでなく、様々な属性が定義されています。

物理量の種類、単位、表示単位は多くのツールで用いられていますが、内部の計算では単位系の整合性を見ていません。例えば（加速度）=（速度）÷（時間）の単位系を持ちますが、誤って（加速度）=（速度）×（時間）という式を書いてもエラーにはなりません。

startは初期値であると既に書きましたが、start属性は論理数を持つfixed属性とセットで使用されます。fixedがtrueの場合、startで定義された値が必ず使用されます。fixedがfalse（constantとして定義された実数以外ではデフォルトがfalse）の場合、全体の計算の中でstartとして指定された値は初期値計算の最初の探索値として優先的に考慮されますが、必ずしも指定した値が使われるわけではありません。

■3.4.2　start属性の利用

さて最初の例FirstModelをもう一度見てみましょう。

```
// The first sample class
class FirstModel "This is your first Modelica Program"
//Declaration of Variables
Real x;
//Declaration of parameters
parameter Real a=3;
//equation section
equation
  x^2=a;
end FirstModel;
```

ではx^2=a;との方程式を定義していますが、これでは解は常に正の解しかでてきません。ここでxを宣言している4行目を

```
Real x(start=-0.01);
```

としてやると a=1 で x=−1、a=4 で x=−2 との解を算出します。

さらに

```
Real x(start=-0.01, fixed=true);
```

としてやると、x の初期値は −0.01 に固定されますが、a=1e−4 の時以外は初期値が求めうる解と異なるためエラーとなります。

■ 3.4.3　stateSelect

もう一つ見慣れない属性 stateSelect を説明します。

Modelica では連立方程式を自動で立て解いて行きますが、その際に何が独立変数として選択されるかは処理系に依存し、使用する側ではわかりません。stateSelect はその変数を独立変数として優先させ計算させるように使用します。

stateSelect には次の種類があります。

never	独立変数として使用しない
avoid	独立変数として使用することをできるだけ避ける
default	適切と判断されれば独立変数として使用する （ただし微分されている場合のみ）
prefer	独立変数としてできるだけ使用する
always	必ず独立変数として使用する

■ 3.4.4　Integer、Boolean、String の属性

整数、論理数、文字列も同様に属性を持ちます。

Integer の属性

属性	定義タイプ	説明
value	IntegerType	値
quantity	StringType	物理量の種類
min	IntegerType	最小値
max	IntegerType	最大値
start	IntegerType	初期値
fixed	BooleanType	初期値の優先度

Boolean の属性

属性	定義タイプ	説明
value	BooleanType	値
quantity	StringType	物理量の種類
start	BooleanType	初期値
fixed	BooleanType	初期値の優先度

String の属性

属性	定義タイプ	説明
value	StringType	値
start	StringType	初期値

3.5　配列

プログラムを組む場合に、変数をスカラだけで扱っていると多数の変数を定義したり、まとめて処理する際に繰り返して式を書かなければならないなどの

制限が多いため、配列の使用を考えることが多いと思います。Modelicaでは配列を任意の次元で設定できます。配列内の成分の番号が0から始まるプログラミング言語も多数ありますが、Modelicaでは配列の成分は1から開始します。

注. 配列の構成要素を「要素」と表現することがありますが、本書では「成分」と表記しています。

■ 3.5.1　配列の宣言方法

実際には次のように定義します。

形式1

```
Real[2] x;//Form 1
```

または

形式2

```
Real x[2];//Form 2
```

形式1も形式2も、1次元の配列で成分が2つあることを示しています。2つの宣言方法が許容されています。プログラミング言語によって認められている書式が異なり、その長所を認めて、Modelicaでは統一を行わなかったためであろうと筆者は推測しています。

形式1	形式2	次元	説明
Real[n] x;	Real x[n];	1	ベクトル
Real[n,m] x;	Real x[n,m];	2	n×mの行列
Real[n1,n2,...,nk] x;	Real x[n1,n2,...,nk];	k	k次元の配列

個人でプログラミングする上では、形式1でも形式2でもどちらを使ってプログラミングしても構いませんが、複数人で1つのライブラリを開発する場合は、可読性の上からもチーム内で統一を図った方が好ましいと思います。

■ 3.5.2　拡張配列定義方法

配列の中にさらに配列を定義することができます。

例えば

```
Real[3,2] x[4,5];
```

と書くと

```
Real[4,5,3,2] x;
```

4×5 の配列が 3×2 存在することになります。実際にはこのような使用方法は少ないと思いますが、次の「さまざまなクラスの配列」の中身を知る上での参考となります。

■ 3.5.3　さまざまなクラスの配列

ここまでの例では Real の配列で説明をしてきました。Real ももともとはクラスの一種なので、他のクラスも同様に配列化することができることが容易に想像できます。

Integer や Boolean、String で定義された変数を配列とする場合は次のように宣言します。

```
Integer dayOfMonth[12];
Boolean iS31stDay[12];
String nameOfMonth[12];
```

さらに発展した考え方をすると、次のような配列を作ることができます。

例えば 3 次元空間における座標を

```
class Point
  Real x, y, z;
end Point;
```

と定義します。さらに

```
Point[5] point;
```

または

```
Point point[5];
```

とすることで5つの座標オブジェクトを定義したことになります。

一般のクラスを配列化したものが次の例です。

```
class ClassForArray
Real a,b;
equation
der(a)=2*b;
end ClassForArray;
```

このClassForArrayを用いて

```
ClassForArray[3] classForArray1;
```

とすることで内部にequationセクションを持つクラスを配列として取り扱うことになります。

■ 3.5.4　成分の数を規定しない配列

配列のサイズを予め規定したくない場合があります。

例えば先ほどの座標pointオブジェクトを、数を制限せずに設定する場合には

```
Point[:] point;
```

または

```
Point point[:];
```

とすることで定義できます。

二次元の配列も成分の数を制限することなく定義することができます。実際には

```
Real[:,:] x;
```

と宣言することで実現可能です。

■ 3.5.5　配列への代入

配列を宣言するときに次のようにその配列が持つ値を定義することができます。

```
Real position3d[3] = {1,2,3};
Real idmatrix[3,3] = {{1,0,0}, {0,1,0}, {0,0,1}};
```

3 行 4 列の行列では

```
Real trmatrix[3,4] = {{0.5,0.7,0.,1.},{-0.7,0.5,0.,0.},
{0.,0.,1.,0.}};
```

つまり {} は行を示し、中の成分は列毎の成分になります。

なお {} の書式とは別の [] を用いた書式もあります。[] と {} 比較をしてみます。

```
Real position3d[3]={1,2,3};
Real position3d31T1[3,1] = [1;2;3];
Real position3d31T2[3,1]=[{1,2,3}];
Real position3d13[1,3]= [1,2,3];
```

2行3列の場合

```
Real twoThreeT1[2,3] = {{1,2,3},{4,5,6}};
Real twoThreeT2[2,3] = [1,2,3;4,5,6];
```

3行3列の場合

```
Real idmatrixT1[3,3] = {{1,0,0}, {0,1,0}, {0,0,1}};
Real idmatrixT2[3,3] = [1,0,0;0,1,0;0,0,1];
```

となります。

■3.5.6 配列の成分へのアクセス

先に述べたようにModelicaでは配列の成分は1から始まります。つまり

```
Real x[3];
```

と定義するとx[1]、x[2]、x[3]までが存在しx[0]は存在しません。

従って個々の成分にアクセスする際にはそのことを念頭に置く必要があります。

配列への配列代入

```
Real position3d[3]={1,2,3};
Real position3x2d[3,2];
```

とした場合

```
equation
position3d=position3x2d[:,1];
position3d=position3x2d[:,2];
```

とすることができます。

■ 3.5.7　実数配列への関数適用

数学関数（3.7.1 で詳述）を配列に適用するとどうなるのでしょうか。もちろんこの対象となる配列は数学演算が適用できる成分を持つ配列とします。

答えはきわめて単純です。配列の個々の成分に個別に適用されます。例えば

```
class FunctionToArray
  parameter Real[2,2] X;
  Real[2,2] Y,Z;
equation
  Y=sin(X);
  Z=sin(X+Y);
end FunctionToArray;
```

とすると

```
equation
  Y[1,1]=sin(X[1,1]);
  Y[1,2]=sin(X[1,2]);
  Y[2,1]=sin(X[2,1]);
  Y[2,2]=sin(X[2,2]);
  Z[1,1]=sin(X[1,1]+Y[1,1]);
  Z[1,2]=sin(X[1,2]+Y[1,2]);
  Z[2,1]=sin(X[2,1]+Y[2,1]);
  Z[2,2]=sin(X[2,2]+Y[2,2]);
```

と書くのと同じ内容になります。

■ 3.5.8　配列の四則演算

通常加減乗算の記号 +、−、* を用いて演算ができます。除算はありません。ただし equation セクションでも配列を使った式を使用することができるので、除算式を書かなくても実質的に除算と同じ内容の計算は可能です。

なおこのように一つの演算子（operator）により、スカラ、ベクトル、行列、整数、実数など複数のタイプに対して演算ができることを演算子多重定義（operator overloading）と呼んでいます。

```
  class ArrayCalculation
    Real[3] X1,X2;
    Real[3,4] Y;
    Real[:,:] A,B,C;
  equation
    A=X1+X2;
    B=X1-X2;
    C=X*Y;
end ArrayCalculation;
```

＋と－は配列の各成分の和と差を計算させる演算子です。

＊はベクトル同士の内積または行列同士の乗算を表します。使い方をざっと見てみましょう。

```
class ThreeOperators
    Real[3] X1;
    Real[3] X2;
    Real[3,2] Y;
    Real[3] A;
    Real[3] B;
    Real[2] C;
equation
    A=X1+X2;
    B=X1-X2;
    C=X1*Y;
    Y[:,1]=X1;
    Y[:,2]=X2;
algorithm
```

```
    X1:={1,1,1};
    X2:={2,2,2};
end ThreeOperators;
```

■ 3.5.9　配列用関数

配列を直接操作する関数も用意されています。

関数名	関数の内容
transpose(A)	転置行列を作成します
min(A)	A の成分の中で最小値を返します
max(A)	A の成分の中で最大値を返します
sum(A)	A の成分の合計値を返します
size(A,i_n)	配列 A が A[i_1, i_2, i_3, ..., i_n, ...] と定義されていた場合の i_n の値を返します。配列サイズを決めずに定義している場合に活用できます。
zeros(i_1,i_2,i_3,...,i_n)	$i_1 \times i_2 \times ... \times i_n$ の成分を全て 0 にします
ones(i_1,i_2,i_3,...,i_n)	$i_1 \times i_2 \times ... \times i_n$ の成分を全て 1 にします

3.6　条件分岐と繰り返し処理

プログラミング言語では、条件によって動作を変えたり、類似の処理を繰り返すなどのプログラムが得意な制御を伴う処理を扱うことができます。Modelica でも条件分岐や繰り返し処理などのための文が用意されていますが、case 文のような複数の分岐を一つの処理判定の中で行う方法はありません。このため if、elseif でつないでいく必要があります。

■ 3.6.1　論理式と論理演算子

すでに論理数の宣言について説明しましたが、条件分岐の説明の前に論理式について触れておきます。

論理演算子として次のものが定義されています。

論理演算子	内容
==	左辺と右辺の値が等しい時に true
>	左辺が右辺の値よりも大であれば true
>=	左辺が右辺の値よりも大または等しければ true
<	左辺が右辺の値よりも小であれば true
<=	左辺が右辺の値よりも小または等しければ true
<>	左辺と右辺の値が等しくない時に true
not	not の次の論理式が false の時に true
and	前後の論理式の双方が true の時に true
or	前後の論理式の最低どちらか一方が true の時に true

Modelica では排他的論理和を表す演算子は定義されていません。

優先順位

3つの演算子の中で not は and、or に優先します。and と or は出現順に処理されます。

```
class BoolSample
  Boolean A,B,C,D,E,F;
equation
  //priority of not operator
  A= not true or false;       // = false
  B= not false and true;      // = true
  //priority of or,and
  C= false or false and true; // = (false or false) and
  true = false
  D= false or true and false; // = (false or true) and
  false = false
  E= false and false or true; // = (false and false) or
  true = true
  F= false and true or true; //  =  (false  and  true)  or
  true  = true
end BoolSample;
```

■3.6.2　ifによる分岐

3.6.1で説明した論理式を使ってif文による分岐ができます。

まず2つの使い方を示します。

```
class IfThenElse
  input Real x;
  output Real y;
  output Real z;
  equation
  if x>0 then
    y=0;
  elseif x<0 then
    y=-1;
  else
    y=1;
  end if;
  z = if x > 0 then 0 elseif x<0 then -1 else 1;
end IfThenElse;
```

入力値xにより出力y、zが変わるプログラムです。変数宣言の前についているinput、outputはまだ説明していませんが、それぞれが入力なのか、出力なのかを示していると考えて下さい。yとzは異なる書き方をしています。しかしよく見てみると同じ内容です。入門プログラミングとしてわかり易いのはyの記述方法ですが、値を代入するだけであれば、zの記述の方がシンプルでわかり易く感じるようになると思います。

プログラムの制御用に使用されているのは

　if、then、elseif、elseとend if

です。（特else ifとendifは存在しないことを覚えておいて下さい。fiという書き方も用意されていません。Modelicaツールのエディタでは、これらは文法チェックでエラー扱いとなります。）

さて上の例題IfThenElseで注意したいのは==（等しい）という条件を持っ

てきていないという点です。

あらゆるプログラミング言語で実数が「等しい」という条件は、求めるのが厳しい条件です。プログラミング経験のある方であれば、ある程度誤差範囲を設けるなどの工夫をしたことがあるかと思います。さらにModelicaでは特に時系列データを扱うため、等しい（=）となる時点を求めるために、その前後を繰り返し探索し多くの計算が必要となることがあります。従って、できるだけ=は避けてプログラム化した方が合理的と考えられます。

次にif文と式の数について考えてみます。なんども書いていますがModelicaでは連立方程式を解きます。このため連立方程式を構成する式の数と未知変数の数は等しくなければなりません。if文を使っても同じです。それぞれの条件の中で、解くことのできる連立方程式が立てられないと成立しません。つまり、ifの分岐の中でのみ定義される変数は必ず等しく現れなければなりません。

正しい例（if文の中の各場合で等式の数が等しい）

```
  class EquationIF
    Real a;
    Real b;
  equation
    if time > 3 then
      a=1;
      der(b)=a;
    else
      a+b=2;
      der(b)=a*2;
  end if;
end EquationIF;
```

誤った例（if文の中の各場合で等式の数が等しくない場合が存在する）

```
class WrongEquationIF
  Real a(start=0);
  Real b;
```

```
equation
  if time > 3 then
    a=1;
    der(b)=a;
  else
    der(b)=a*2;
  end if;
end WrongEquationIF;
```

この誤った例では式の数が不足していて、文法チェックか実行準備段階（連立式の算出）時点でエラーになります。

ifはネストすることができます。

```
class NestedIf
  Real a;
  Real b;
equation
  if time > 3 then
    if sin(time)>0 then
      a=1;
    else
      a=2;
    end if;
    der(b)=a;
  else
    a=3;
    der(b)=a*2;
  end if;
end NestedIf;
```

■3.6.3　when による分岐と再初期化 reinit

if は「その条件を満たしている場合」を指しますが、Modelica には if とは別に when という条件文があります。when は「その条件を満たしたその瞬間」だけで、その条件を満たし続けている間は実行されません。次に実行されるためには、一度条件が満たされなくなる必要があります。

```
when sin(time)>0.5 then
  A;
  B;
end when;
```

この例では sin(time) が 0.5 を越えた瞬間に A、B という内容を実行します。次の計算ステップで、time が増加しても sin(time)>0.5 が保持されている場合には A、B ともに実行しません。

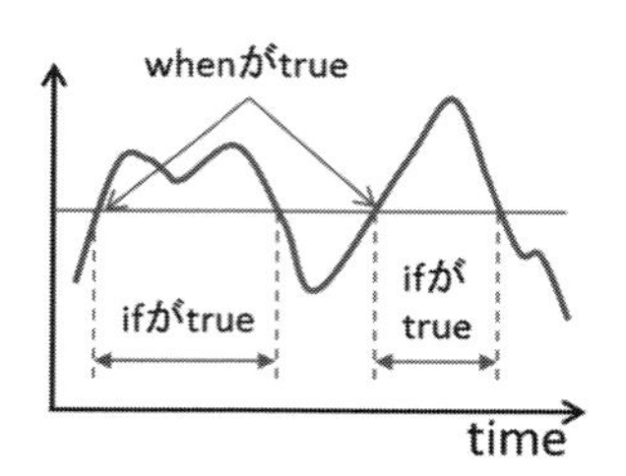

図 I -3-1　when 文と if 文の違い

```
class WhenSample
  Real x,y;
equation
when sin(time)>0.5 then
  x=1;
elsewhen sin(time)<-0.5 then
  x=-1;
end when;
```

```
x=der(y);
end WhenSample;
```

ここでwhenに関係するキーワードをまとめておくと

　when、then、elsewhen、end when

が挙げられます。

whenはその発生した時点を指すので、ネストすることができません。

次の例はwhenがネストされていて文法的に誤っているため実行できません。

```
  class WrongNestedWhen
    Real x,y,z1,z2;
  equation
    z1=sin(time);
    z2=sin(time/2.0);
    when z1>0 then
      when z2>0 then
        x=1;
      end when;
  elsewhen z1<-0.5 then
    x=-1;
  end when;
  x=der(y);
end WrongNestedWhen;
```

これは次のように内容を書き換えることで実行できます。andで結んでいるため、どちらも満たされたその瞬間だけにx=1が実行されます。

```
class NoNestedWhen
  Real x,y,z1,z2;
equation
  z1=sin(time);
  z2=sin(time/2.0);
  when (z1>0 and z2>0) then
    x=1;
elsewhen z1<-0.5 then
  x=-1;
end when;
x=der(y);
end NoNestedWhen;
```

whenはreinit（再初期化）と組合せて使われることが多くあります。reinitは次の形で使用されます。

reinit（変数名、値または式）

このreinitはすべての変数に使用することができるわけではありません。あくまでも初期化なので、すでにder演算子を適用した変数にのみ適用が可能です。例を示します。

```
class ReInitialize
  parameter Real x=1;
  Real y(start=0);
equation
  when sin(time)>0 then
    reinit(y,0);
  end when;
  x=der(y);
end ReInitialize;
```

このクラスではsin(time)が正になったときにyの値が再初期化され1が代

入されます。次にyが再初期化されるのは一度sin(time)<=0となった後なのでsinの1周期であるtime=2*piを越えた瞬間に再初期化されることになります。

次の例ではreinit内のyはder演算子が適用されていないのでエラーにはなりませんが、無視されてしまいます。

```
  class ReInitializeIgnored
    Real x;
    Real y(start=0);
  equation
    when sin(time)>0 then
      reinit(y,0);
    end when;
    x=sin(time);
    der(x)=y;
end ReInitializeIgnored;
```

■ 3.6.4　forによるループ

繰返しの処理は、forを用いたループで行うことができます。

```
class LoopSample
  Real x[:]={1,2,3,4,5,6};
  Real y[:];
equation
  for i in 1:size(x,1) loop
    x[i]=y[i];
  end for;
end LoopSample;
```

ここで注目するのは

```
for i in 範囲 loop

end for;
```

の形です。また、i は事前に宣言されていないにも関わらず、突然使用できることです。

範囲は次のように3つの方法で与えます。

①開始値と終了値を決める（間は1きざみ）	for i in 1:10 loop	i は 1,2,3,...,10 の値をとります。
②開始値と刻み幅と終了値を決める	for r in 1.0 : 1.5 : 5.5 loop	r は 1.0, 2.5, 4.0, 5.5 の値をとります
③列挙する	for i in {1,3,6,7} loop	i は 1, 3, 6, 7 の値をとります。

③の場合 {} の中は必ずしも昇順、降順である必要はなく、

{1,3,7,4}

のように値が上下したり、

{100,0,100,10}

のように同じ値が現れるように書いても構いません。

①と②は類似の形式ですが、①が開始 : 終了であるのに対して、②が開始 : 刻み幅 : 終了の形で、間に刻み幅が割り込んできていることに気を付けて下さい。

ループ中で変更される変数（前の例 LoopSample では i）は予めクラスの変数として定義しておく必要はありません。変数の宣言がなくても、for から end for の間で優先的に使用されます。ただし混乱を招くので、ループを回すための変数とクラスの中で使用する一般的な変数は異なるものを使うことが推奨されています。ですから、むしろ「（文法的には許容されても）ループの内外で同じ名前の変数を定義してはいけない」とすべきです。

```
class UnrecommendedLoop
  Real x[3];
  parameter Real r = 9.8;
equation
  for r in 2:3 loop
    der(x[r-1])=x[r];
  end for;
  x[3]=-r;
end UnrecommendedLoop;
```

UnrecommendedLoopクラスではパラメータ変数rとループ内の変数rを異なる変数として使っています。プログラムとしては成立していますが、明らかに混乱を引き起こすので避けた方が良いことが判ると思います。

3.7　組込み関数

Modelicaには言語として組み込まれている関数と、後述のMSL（Modelica Standard Library、モデリカ標準ライブラリ）に組み込まれた関数があります。

3.7.1　数学関数

言語としてModelicaに組み込まれている数学関数と、言語にもModelica.Math（MSLの数学ライブラリ）にも含まれている数学関数があります。

関数	関数の内容
sqrt(式)	式が 0 の時 0、正の時は式の平方根、負の時はエラー。（Modelica 言語に組み込まれているのみ）
sin(式)	sine
cos(式)	cosine
tan(式)	tangent
asin(式)	arc sine。式の値が –1 よりも小さい、または 1 よりも大きい場合エラー。
acos(式)	arc cosine。式の値が –1 よりも小さい、または 1 よりも大きい場合エラー。
atan(式)	arc tangent
atan2(式 1, 式 2)	式 1/式 2 の atan。ただし式 1、式 2 の符号に基づく象限の値を返す。
sinh(式)	hyperbolic sine
cosh(式)	hyperbolic cosine
tanh(式)	hyperbolic tangent
exp(式)	自然対数 e の「式」乗
log(式)	自然対数 e を底とする対数
log10(式)	10 を底とする対数
特殊な関数	
der(x)	変数 x の時間微分

数学関数ですが、この他に Modelica に直接組み込まれているイベント（3.7.2 参照）を引き起こす関数があります。

関数	内容
abs(式)	式の絶対値
sign(式)	式が正の時 1、負の時 −1、0 の時 0
sqrt(式)	式が 0 の時 0、正の時は式の平方根、負の時はエラー
div(式 1, 式 2)	式 1/式 2 の整数の商の値。 式 1、2 がともに整数の場合整数、いずれかが実数の場合実数 div(5,2)=2、div(−4, 3)=−1、div(9.8,3)=3.0、div(−7.5, 2.5)=−3.0
mod(式 1, 式 2)	式 1−floor(式 1/式 2)×式 2 の値 ---floor は後述 式 1、2 がともに整数の場合整数、いずれかが実数の場合実数 mod(7, −5)=3、mod(−3.2, −1.2)=0.8
rem(式 1, 式 2)	式 1/ 式 2 の剰余。(div(式 1/式 2)*式 2−式 1　の値) 式 1、2 がともに整数の場合整数、いずれかが実数の場合実数 rem(7,5)=2、rem(−5,2)=1、rem(2, −0.8)=−0.4
ceil(式)	式の値またはその値を超える整数値を実数として返す。 ceil(5)=5.0、ceil(−3.1)=−3.0、ceil(2.2)=3.0
floor(式)	式の値を超えない整数値を実数として返す floor(5)=5.0、floor(−3.1)=−4.0、floor(2.2)=2.0
integer(式)	式の値を超えない整数の結果を返す integer(3.14)=3、integer(−9.8)=−10

■3.7.2　イベントに関する関数

Modelica では計算で不連続な事象が発生すること（通常イベント）と、定めた時刻に事象を生じさせること（時間イベント）の 2 種類をイベントとして取り扱います。

関数	内容
initial()	初期計算の時のみ true を返します。
terminal()	計算が正常終了した場合に true を返します
noEvent(expr)	イベントを発生せずに expr を評価します。（次項で詳しく述べます。）
smooth(p,expr)	expr で表された式が何回微分可能かを返します。
sample(start,interval)	start で示された時刻から interval の間隔で時間イベントを発生し、true を返します。
pre(y)	イベントが発生する直前の値を返します。
edge(b)	論理変数 b に対して適用し b and not pre(b) と等価です。すなわち直前の b の値が false でその時点の b が true（b が偽から真に切り替わった瞬間）に true を返します。
change(v)	v<>pre(v) と等価です。直前の値から変化した時に true を返します
reinit(x,expr)	再初期化。既に説明したように x に expr の値を設定します。

■ 3.7.3　noEvent の使い方

速度が負から次第に 0 に近づくモデルを考えます。

```
der(x)=-x^0.5;
```

この式は文法的には誤りはありませんが、計算時間範囲によっては x が負になってしまう可能性があります。負の平方根は求められないので実行中にエラーとなります。そこで

```
der(x)= if x>0 then -x^0.5 else 0.0;
```

と書き換え x が負にならないように判定を行うようにしたとします。Modelica では代入ではなく方程式を書いているだけなので、x が負になったかどうかは

```
der(x)=-(x^0.5);
```

を解いてみないと分りません。noEventを用いると、if文で起こるイベントを回避して、負の平方根を求めることがなくなります。

```
der(x)=noEvent(if x>0 then -x^0.5 else 0.0);
```

3.8　予約されているその他の関数

ここでは個別に詳しい説明はしませんが、次の関数が定義されています。これらは予約語なので変数などで使用することはできません。

delay、cardinality、homotopy、semilinear,、inStream、actualStream、spatialDistribution、getInstanceName

3.9　拡張と継承

オブジェクト指向の言語として、Modelicaには元になるクラスを拡張して新たなクラスを作ることができます。

使用するキーワードはextendsです。

元になるクラスAを次のように作成します。

```
class A
Real x;
end A;
```

クラスBはクラスAの内容を引き継ぎ、新たにyという変数を定義するものとします。

```
class B
extends A;
Real y;
end B;
```

これは実質的に

```
class B
Real x;
Real y;
end B;
```

と宣言しているのと等価です。このようにAの性質をそのまま引き継ぐことをinheritance（継承）と呼びます。この例では実数（Real）変数xの定義だけでしたが、equationもalgorithmも全て継承します。

BはAのサブクラス（subclass）または派生クラス（derived class）、AはBのスーパークラス（superclass）またはベースクラス（base class）と呼びます。

■ 3.9.1　部分クラス

それだけでは十分な内容を含まないクラスとして部分クラス（partial class）というものがあります。例えば変数が3つあり、式が2つしかないクラスはこれだけでは式が足りないため実行できません。部分クラスはそれだけでは不十分なために、この部分クラスを拡張することで、クラスとして完成させます。式が2つしかない例では3つ目の式を与えることが拡張の第一歩です。

```
class PartialSample
//Definition of partial class
partial class PartialBase
  Real x,v,a;
equation
  der(x)=v;
  der(v)=a;
end PartialBase;
//Definition of Derived Class
class PartialDerived
  extends PartialBase;
equation
```

```
  a=9.8;
  end PartialDerived;
  //
  Real px,pv,pa;
    PartialDerived derived;
  equation
    px=derived.x;
    pv=derived.v;
    pa=derived.a;
  end PartialSample;
```

この例ではPartialBaseというクラスで変位x、速度v、加速度aとその関係を定義しています。しかしaそのものの定義はしていないため、PartialDerivedというクラスの中で定義して完成させています。

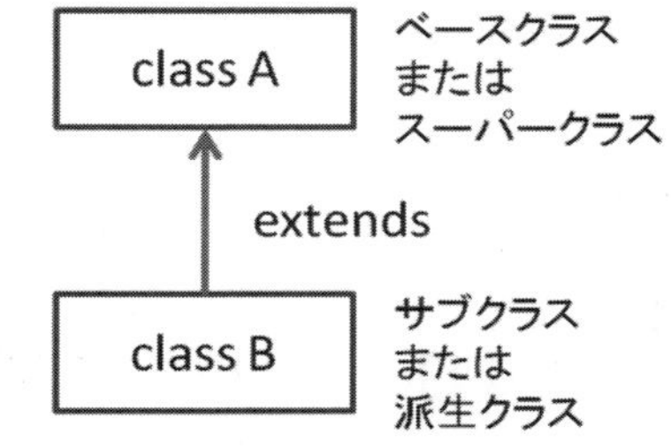

図Ⅰ-3-1　extends

■3.9.2　複数の継承

クラスは複数のベースクラスを持つことができます。実際の例はMSL（Modelica Standard Library）の説明のところで述べますが、ベースクラスを2つ以上指定することで可能となります。

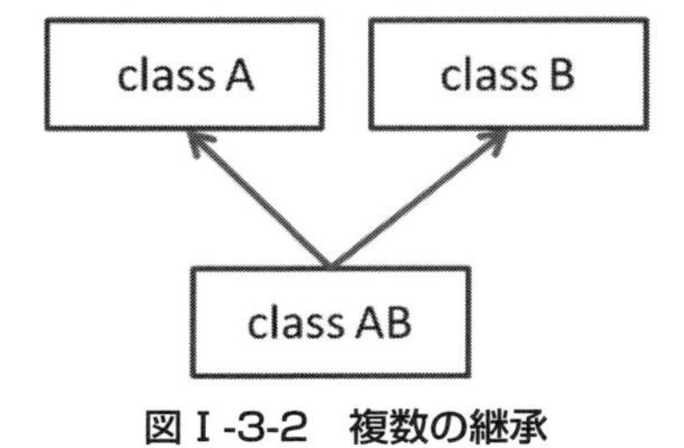

図Ⅰ-3-2　複数の継承

```
class DoubleInheritance
  extends FirstDomainClass;
  extends SecondDomainClass;
  (略)
end DoubleInheritance;
```

クラスDoubleInheritanceはベースクラスとしてFirstDomainClassとSecondDomainClassを持っています。ここではそれぞれドメインの異なるクラスを想定していますが、MSLでは熱と電気、熱と機械というように複数のドメインを持つ事例が多く見受けられます。

一方で、グラフィカルなツールでモデルを構築する場合は、アイコンをベースクラスとして持つことも意味を持ちます。この場合、アイコンが同じ図形になるので、さらにその上に図形を重ねることで他のクラスとの違いを判るようにすることができます。

3.10 部分的な入替（replaceableとredeclare）

ほぼ同じ性質を持つ複数のクラスがあり、比較のためにそのクラスのどちらも使って計算できるようにしたい場合があります。自動車でたとえると、同じ形式のボディに異なるエンジンを積んでその性能を比較する場合に相当します。この場合エンジンに相当するクラスに対して交換可能（replaceable）という宣言を行います。

```
class Engine1500
parameter Integer noOfCylinders;
parameter Boolean inLine;
Boolean useCharger=true;
...
end Engine1500;
```

```
class Engine2000
parameter Integer noOfCylinders;
parameter Boolean inLine;
Boolean useCharger=false;
...
end Engine2000;
```

```
class PassengerCar
replaceable  Engine1500  engine(noOfCylinders=4,
inLine=true);

end PassengerCar;
```

PassengerCarというクラスでは、Engine1500をreplaceableの宣言付で定義しています。engineという名前のオブジェクトになります。

■ 3.10.1 extendsを用いた入替

入れ替えの方法の一つはextendsを用いて新しいクラスを作成する方法です。

```
class PassengerCarNew
extends PassengerCar(redeclare Engine2000 engine);

end PassengerCarNew;
```

上に定義されたPassengerCarNewというクラスでは、PassengerCarを拡張しているので、今までの説明ではそのままその内容を引き継いてきます。ところが()の中でredeclareとPassengerCarが対応してオブジェクトengineという名前（識別子）はそのままでEngine1500クラスのオブジェクトからEngine2000のオブジェクトに置き換えらえます。Engine1500とEngine2000のクラスにはいずれもパラメータであるnoOfCylindersがあるので、この値も引き継いで使われます。

■3.10.2　constrainedby による入替

別の方法として replaceable と組み合わせて constarainedby を用いる方法があります。サンプルを示します。

```
class PassengerCar
replaceable  Engine2000  engine(noOfCylinders=4,
inline=true)
  constrainedby  Engine1500(noOfCylinders=4,
  inline=true);

end PassengerCar;
```

Extends では新しいクラスを定義していましたが、この場合は従来のクラスを直接書き替えています。

■3.10.3　入替の注意点

このようにオブジェクトのクラスのみ置き換えるなどの場合、redeclare はモデル全体を書き換えることなく便利な使い方ができます。いちいちこのように「extends」と「redeclare」を用いて書き換えが必要なのか、と考えるとあまり便利さは感じないかもしれません。実際にはこのようなクラスはそのままモデルとして使用するのではなく、テンプレートとして使用します。ほぼ完全なモデルを用意してテンプレートとしてライブラリの一部として供給し、必要に応じて取り出し、redeclare で指定するクラス部分のみを書き換えて計算に使用します。特に GUI を持つツールでは、通常はクラスを置き換える作業は再度コネクションをする作業を伴い、コネクションが多いと非常に手間がかかります。一方で redeclare を用いると多くのツールで GUI 上の操作で redeclare するクラスを選ぶことができるので、テキストファイルを編集することなしで、かつコネクションを変更することなく作り変えができ、格段と楽な操作で目的を達成できるようになります。ただし入替を行った部品の名前（識別子）は変更されずに残ってしまうので、デフォルトの名前を使用した場合は変更後の名前に騙されないように注意が必要です。先の例では engine という名前をつけていますが、engine1500 という名前を最初の段階でつけていると、部品のクラスを Engine2000 に入れ替えても engine1500 という名前が残ってしまいます。

3.11 annotation（アノテーション）とヘルプドキュメント

Modelica の中では annotation がソースコードの何か所かで使用されます。annotation の役割としては GUI を用いる上でその補助となる図形情報を与えることとヘルプを構成することにあります。いくつかのキーワードは規定されていますが、その基準はツールに依存します。このため、Modelica の本質的な部分は共通でも、ソースコードを渡した場合にツールが異なると不具合が生じることがあります。不具合の代表的な例が、画面上に配置された各オブジェクトの位置がずれてしまったり、接続線が離れてしまったりすることです。多くの場合に、計算を実行する際に表示上接続線がつながっていなくても、connect 文（詳しくは 4.3.3 で触れます）そのものが残っていれば問題は発生しません

■ 3.11.1 配置情報

各オブジェクトの宣言後半部に、配置する位置や回転などの情報が格納されています。

```
Spring spring1 annotation (Placement(transformation
(extent={{-70,5},{-50,25}})));
```

■ 3.11.2 コネクション情報

各要素（オブジェクト）のポート間を接続するための図形情報を与えます
通常 equation（algorithm）の中に置かれます。

```
connect(springDamper.flange_b, mass.flange_a) annotation
(Line(
  points={{-60,10},{-46,10},{-46,-10},{-40,-10}},
  color={0,127,0},
  smooth=Smooth.None));
```

■ 3.11.3　クラスのアイコン情報

各クラスの図形情報（アイコンとしての情報）を与えます。

```
annotation (
  Icon(coordinateSystem(preserveAspectRatio=false, extent
  ={{-100,-100},{100,100}}),
    graphics={Rectangle(extent={{-100,100},{100,-100}},
    lineColor={0,0,255},
      fillColor={0,0,255},
      fillPattern=FillPattern.Solid)}));
```

この例は X −100 ～ 100、Y −100 ～ 100 の四角形を青線（lineColor={0,0,255}）で青色 fillColor={0,0,255} でパターンは Solid（塗りつぶし）（fillPattern=FillPattern.Solid)）で埋めた例です。

■ 3.11.4　ヘルプと情報

最終部に置かれます。

　Documentation(info="<html>...)
で始まる形です。ヘルプそのものは通常 HTML で記述します。

3.12　実行時エラー処理（assert）

Modelica では "Hello, World!" のようなメッセージは出せないとしてきましたが、実行中にエラーが発生したときに assert を使用してメッセージを出すことは可能です。

assert(条件,"表示するメッセージ");

上の文で、条件を満たさなくなった時に「表示するメッセージ」を出力してプログラムを終了します。

```
model AssertTest
Real t1;
equation
t1=time*2;
assert (time <0.5, "Time exceeded.");
end AssertTest;
```

このプログラムではtimeが0.5以上になるとエラーになりメッセージを出します。

実行時のエラーであるため、メッセージの出力先はツールによって異なります。付録で紹介しているOpenModelica（OMEdit）の場合、「シミュレーション出力」と呼ばれるウィンドウに出力されます。

```
time < 0.5
Time Exceeded.

Debug more
model terminate
Simulation terminated by an assert at time: 0.5005
```

プログラムされたように0.5sを超えた次の時刻のところでエラーとなり終了しました。

第4章
ライブラリ構成

4.1　ライブラリ作成と特化したクラス (Specialized Classes)

今まで一つのクラスの中に複数のクラスが入っているようなサンプルプログラムを紹介してきました。小規模なモデルならばこの方式でも作成することはできますが、大規模な問題に対してこの作り方ではすぐに限界に到達してしまうことが容易に予想されます。そこでModelicaではこれらを階層的に管理することができるようにしています。また階層化する際に機能別にまとめることでさらに体系的に整理することができるように考えられています。つまりクラスの持つ役割を特化して、いくつかの機能を持つようにさせた「特化したクラス」を用意しています。これらのクラスを用いて、目的に合わせた集合を構成します。次の表の中でpackageはその集合を作るためのものです。文法的にはpackageと呼ぶべきですが、慣例として「ライブラリ」と呼んでいます。

キーワード	説明	サンプル
record	定義領域だけを持ちます。、加工するためのequation、algorithmなどのセクションを持つことができません。	record BirthDay 　String Month; 　Integer Day; end BirthDay;
type	Realなどの既存のtypeを拡張するために特化しています	type Vector3D = Real[3];
model	従来classとして表してきたすべてについてこのmodelで置き換えることができます。特に制限はありません。	
block	因果的な機能のみ持つクラスです。全てのコネクタ（接続端子）がinputまたはoutputとして定	block SignChange input x; output y;

	義されていなければなりません。	algorithm y:=−x; end SignChange;
function	関数を定義するために用いられます。	
connector	model で使用する接続端子を定義するために用いられます。	connector Eport Voltage v; flow Current i; end Eport;
package	階層構造を定義する目的で使用されます。	
operator	package の機能を強化したもので、function のみを内部に含むことができます。	
operator record	record の機能を強化したもので、演算も含めて定義する。	operator record Complex Real re; Real im; … encapsulated operator function '*' import Complex; input Complex c1; input Complex c2; output Complex result; algorithm result = Complex(re=c1.re*c2.re − c1.im*c2.im, im=c1.re*c2.im + c1.im*c2.re); end '*'; end Complex;
operator function	1 つの関数のみを作る operator です。	

block のところで使用している input、output についてまとめておきます。

キーワード	説明	サンプル
input	オブジェクトが入力専用である	input Real u; input ConnectorTypeA cIn;
output	オブジェクトが出力専用である	output Real y; output ConnectorTypeA cOut;

因果的な接続を実現するために使われるので、主にblockの中で使用されますが、他の特化したクラスでも使用することは可能です。

4.2 ライブラリ構成の考え方

ここでは例として自転車の計算をするためのライブラリを考えてみましょう。実際にコーディングはしません。

自転車に必要な部品を列挙してみます。

前輪、後輪、フレーム、フォーク、サドル、
ハンドル、ブレーキ、フォーク、チェーン
ライト、反射板

まだまだ沢山あります。ではこのライブラリでは何をシミュレーションするのでしょうか。乗員が使う肉体的なパワーの分析、それともコーナーリングの時のフレームに加わる力の分析でしょうか。これらを見極めてライブラリを構成していく必要があります

4.3 特化したクラスの詳細

ここからそれぞれの特化したクラスについて詳しく説明していきます。

4.3.1 package

packageはいくつかの分類をつくり分けていく場合に用います。
例えば先ほどの自転車の例であれば、

車体：フレーム、フォーク、ハンドル、ステム、
タイヤ：ホイール、タイヤ、タイヤチューブ、スポーク
駆動：ペダル、クランク、スプロケット、チェーン
変速：フロントディレーラ、リアディレーラ、レバー、ワイヤー
ブレーキ：...
電装：....

と分けていくことができます。これは部品ごとに分けて行った見方です。この

ほかにも、解析目的別に部品を分けていくという方法もあるかもしれません。さらにライブラリを作成する場合には、「基本部品」「よく使う関数」「テンプレート」などと分けていくことで解析が効率化できます。

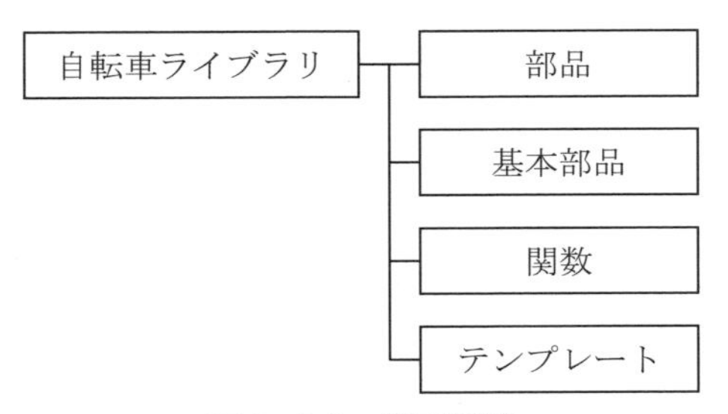

図Ⅰ-4-1　階層構造

この場合、自転車ライブラリを package で定義し、その中に 4 つのサブライブラリ（パッケージ）を定義することになります。

使用例

```
package BicycleDesign
  package Components
  (実際の中身の記述)
  end Components;
  package BaseComponents
  (実際の中身の記述)
  end BaseComponents;
  package Functions
  (実際の中身の記述)
  end Functions;
  package Templates
  (実際の中身の記述)
  end Templates;
end BicycleDesign;
```

また Modelica のプログラム（群）は通常 filename.mo のファイル名＋拡張

子 mo の形式でテキストファイルとして保存されます。前述の使用例では1つのファイルに保存する例として示しました。パッケージ名を用いて BicycleDesign.mo のフルファイル名で保存されます。(必ずしもファイル名とパッケージ名が一致する必然性はありませんが、使用するツールによってはエラーとされたり警告が出される場合があります。)

4.3.1.1 フォルダ（ディレクトリ）構造による保存

ライブラリ（パッケージ）を1つのファイルで作成すると、大きなファイルになってしまう可能性があります。他のプログラムでもそうですが、大きなファイルは視認性が悪く、保守をしにくくします。また同時に複数の人間がライブラリを作成・編集することができません。そこでフォルダを一つのライブラリとする方法があります。

前の BicycleDesign をフォルダ構造にすると次のようになります。

```
BicycleDesign(フォルダ名)
package.mo
package.order
  Components(フォルダ名)
    package.mo
    package.order
    xxxx.mo
    yyyy.mo
.....
  BaseComponents(フォルダ名)
    package.mo
    package.order
    Subfolder1(サブフォルダ名)
    Subfolder2(サブフォルダ名)
  Functions(フォルダ名)
  Templates(フォルダ名)
```

BicycleDesign のフォルダの直下には package.mo と package.order というファ

イルが作成されます。
　package.mo の内容は

```
within ;
package BicycleDesign
(アイコンなどの設定)
end BicycleDesign;
```

という構成になります。ここで within はこの package がどこに置かれるかを示します。サブパッケージである Components のフォルダの中も同様に package.mo と package.order がありますが、この package.mo の内容は

```
within BicycleDesign;
package Components
(アイコンなどの設定)
end Components;
```

との構造になります。
　また package.order の内容は

```
Components
BaseComponents
Functions
Templates
```

というように package の中で表示される順番を示すファイルになっています。ツールによる依存性はありますが、package.order を編集することで、画面に表示されるサブライブラリの順番を変更することができます。

■ 4.3.2　connector

　グラフィカルエディタを持つ Modelica ツールでモデルを作成する場合に、各部品を線で接続してモデルを作成することができます。この時の接続線の起

点、終点になる接続用のポートに当たるのがコネクタ（connector）です。グラフィカルなツールではない場合にも、部品間の非因果的接続を定義するための重要な役割を果たします。

connectorには連立計算をするための物理量を決めてやる必要があります。物理量は通常スルー変数とアクロス変数（フロー変数とノンフロー変数）をセットで定義します。MSLの並進機械系のコネクタは、概ね次のような内容となります。（実際の内容は若干異なっています。）

```
connector TranslationalConnector
  flow Modelica.SIunits.Force f "force";
  Modelica.SIunits.Position s "position";
end TranslationalConnector;
```

スルー変数（flow変数）として力をfという名前で、アクロス変数として位置をsという名前で定義しています。Modelica.SIunits.xxxは後述のModelica標準ライブラリの中で定義されている、物理量の種類と単位系を予め定義してある実数です。

また物理的な双方向のやり取りではなく、一方的な信号の授受を示す場合にもconnectorを用いて定義することができます。この場合には

```
connector RealInput = input Real;
connector RealOutput = output Real;
```

のように定義されています。

■ 4.3.3　model

実際に計算するモデルにもmodelという特化したクラスを使用しますが、モデルを構成するための各部品にもmodelという特化したクラスを用います。

modelは今まで説明してきたすべての機能を持たせることができますが、特にconnectorのオブジェクトを持つことが特別な点と言えます。

model の中の connector

2 つの部品 MechanicsA と MechanicsB を考えます。それぞれに 4.3.2 で説明した TranslationalConnector が含まれるものとします。

```
model MechanicsA
TranslationalConnector flange;
equation
...
end MehanicsA;
model MechanicsB
TranslationalConnector flange;
equation
...
end MehanicsB;
```

これら 2 つを実際に計算するモデルである ConnectedMechanics の中で接続することを考えます。

```
model ConnectedMechanics
MechanicsA mechanicsA1;
MechanicsB mechanicsB1;
equation
connect(mechanicsA1.flange, mechanicsB1.flange);
...
end ConnectedMechanics;
```

このように connect 文が equation の中で使用されます。この connect 文により、flow で定義されている力 f と nonflow 扱いの位置 s の関係式として次の 2 つが自動的に導入されます。

```
mechanicsA1.f+mechanisB1.f=0;
//sum of flow (through) variables is zero.
mechanicsA1.s=mechanicsB1.s;
//nonflow(across) variables have the same value.
```

ただし導入されたこの式は、内部の処理系で認識されるものであって、モデルに記述されたプログラムコードとしてはconnect文のまま変わりません。なおグラフィカルエディタでモデルを作成した場合にはconnect文には3.11.2で述べたようにannotationが合わせて記述されます。

■ 4.3.4 block

一方向に情報や信号が流れる因果的なモデルは特化したクラスのblock（ブロック）で作成します。因果的なモデルのみが対象となります。ただしequationも利用することができるので、

```
block Integrator
parameter y0 "Initial Value";
RealInput u;
RealOutput y;
initial equation
y=y0;
equation
  der(y)=u;
end Integrator;
```

と書くことが可能です。

■ 4.3.5 function

関数を定義するfunctionは入力と出力の関係を記述します。blockがグラフィカルなダイアグラムで使用されるのに適しているのに対して、textで組み上げていく場合に便利です。また授受するのは一つ一つの信号である必要はなく、

同じ形を持ったデータのタイプであれば授受が可能となります。

functionには次の制限があります。

- equationは使用できない。
- when文での条件分岐はできない。
- der()などの時間履歴を必要とする関数は使用できない。

次のvectorAngleは2次元の2つのベクトルがなす角を内積の式から求める関数です。

```
function vectorAngle
  input Real x1;
  input Real y1;
  input Real x2;
  input Real y2;
  output Real angle1;
  output Real angle2;
algorithm
  angle1:=acos((x1*x2+y1*y2)/sqrt((x1^2+y1^2)*(x2^2
  +y2^2)));
  angle2:= - angle1;
end vectorAngle;
```

この関数を使用した例が次のFunctionCallsになります。

```
model FunctionCalls
  Real p[2],q[2],alpha[2],beta[2];
equation
  p={cos(time),sin(time)};
  q={cos(2*time),sin(2*time)};
  (alpha[1],alpha[2])=vectorAngle(x1=p[1],x2=q[1],
  y1=p[2],y2=q[2]);
  beta=vectorAngle(p[1],p[2],q[1],q[2]);
end FunctionCalls;
```

関数の呼び出し方は2つあります。一つは定義されている順に引数を設定する方法。もう一つは個々に引数名の対応を設定していく方法です。

6行目は引数を指定しその引数に対応させる変数を割りつけて入力する2番目の方法を使用しています。この場合引数の順序は、関数として定義されている順序とは関係ありません。この例では引数の順序がx1、y1、x2、y2ですが、引数をx1=..、x2=..、y1=..、y2=..のような順番で与えてやることができます。

7行目の記述形式は1番目の方法を用いています。特に変数名を特定せずにfunctionの中で定義されている順に引数を指示していく方法の例です。

2番目の方法は、引数の順番が分らなくても使用することができますがプログラムコードが長くなり、見にくくなります。一方で1番めの方法はその逆で、記述がシンプルになり見やすい代わりに、引数の順序を把握していないと意味が理解できません。特にどちらか一方に決める必要はなく、後で自分以外の人が見て理解しやすいのはどちらの形式かを考えて使い分ければよいと思います。ただし同じ関数を呼ぶ場合には、同じ方法を取った方が判りやすいプログラムになると考えます。

授受する引数を、スカラではなくベクトルにすることもできます。vectorAngle2として作り直してみましょう。

```
function vectorAngle2
  input Real p1[2];
  input Real p2[2];
  output Real angle[2];
algorithm
  angle[1]:=acos((p1*p2)/sqrt(p1*p1)*(p2*p2));
  angle[2]:= - angle[1];
end vectorAngle2;
```

この場合、

```
equation
...
  beta=vectorAngle2(p,q);
```

とすることで計算が可能です。ここでは実数のベクトルでやり取りをしていますが、前述のように同じデータの集まり同士であれば授受が可能となります。

■ 4.3.6 record

同じ形式のデータの集合をクラスとして定義しておくと便利な場合が頻繁にあります。例えばモータを考えると、トルク定数、慣性モーメント、角速度、角加速度などがセットになります。これらをまとめて

```
record MotorVariables
parameter Real TC=1.0 "Torque Constant";
parameter Real Inertia=0.01 "Rotor Inertia";
Real omega "rotational velocity";
Real alpha "rotational acceleration";
end MotorVariables;
```

のように定義してやると、別の model 内でこれらをいちいち定義しなくても

```
MotorVariables motor1;
MotorVariables motor2;
```

と宣言することで実質的にそれぞれ 4 つの変数を使用することができるようになります。record は equation セクションや algorithm セクションを持つことができません。

```
package RecordTest
  record SimpleRec
    Real A;
    Real B;
  end SimpleRec;
  model RecInput
    SimpleRec simpleRec1=SimpleRec(A=1.0,B=2.0);
    SimpleRec simpleRec2,simpleRec3;
```

```
  algorithm
    simpleRec2:=simpleRec1;
    simpleRec3:=SimpleRec(A=sin(time),B=cos(time));
  end RecInput;
end RecordTest;
```

上の例はpackage RecordTestの中でrecord SimpleRecを定義したあと、モデルRecInputの中でSimpleRecを用いて3つのオブジェクトを定義しています。simpleRec1には直接値を代入する例になります。simpleRec2はレコードを直接代入した例です、simpleRec3はSimpleRecを用いて各成分を代入する方法を示しています。

4.4 名前の付け方（Naming Convention）

既に一度説明しましたが名前（識別子、identifier）の付け方には一定のルールに従うことを強くお奨めします。筆者はPeter Fritzson教授が推奨する方式に基づいて次の名前の付け方を取っています。

- クラスの名称は省略を極力避け単語をつなげる形で作る。
- クラス（class、package、model、block、connector。ただしfunctionは除く）は大文字で始め、それに続く文字は小文字、中間の単語は頭文字のみ大文字を使う。極力_（アンダースコア、アンダーバー）は使用しない。末尾に数字を用いない。
- オブジェクト（またはインスタンス）は小文字から始める。同じクラスから作成されるオブジェクトは末尾に数字を割り付け区別できるようにする。

4.4.1 標準的な名前の付け方

クラスとオブジェクトの名前の対応を示します。

クラス名	オブジェクト名
MotorCycle	motorCycle1
LithiumBattery	lithiumBattery2
CopyingUnit	copyingUnit3

このようにすることで、クラスとオブジェクトの混乱を避けることができるようになります。なおオブジェクト名はクラス名と必ずしも関連を持つ必要はありません。この節の冒頭に書いたように「小文字で始め中間の単語は頭文字のみ大文字を使う ...」というルールを共通に適用すれば、どのようなものでも構いません。

■ 4.4.2　例外的な名前の付け方

connector などで端子の区別をつけた方がよいもの

MSL の中では次のように定義しています。

Flange_a, Flange_b（機械系のコネクタ）

1 文字で表す変数

例えば temperature や theta が変数（オブジェクト）の場合はそのまま使用しますが、一般的にも良く使用される温度を表す変数名である T を用いる場合には 1 文字なので小文字の t ではなく大文字を用いて T と表現します。このあといくつかの温度を表す場合、

T1

TAmbient

TAveraged

TWater

のような表し方を多用しています。

ほとんどのツールで、グラフィカル操作によって画面にオブジェクトを取り出すと、自動でオブジェクトに名前を付けますが概ねこのルールに基づいて名前をつけてくれます。（ツールによってはクラス Mass から作成されるオブジェクトに mass、mass1、mass2 のように 1 の番号をつける前に何も番号をつけないオブジェクトを作成する場合があります。）なお自分が作成したモデルでも

時間が経過してから見直すときのために、自動でつけられた名前のまま放置するのではなく、モデルを作成した人が可能な限りオブジェクトに意味のある名前を付けることをお勧めします。

自動付与される名前	inertia1	inertia2	inertia3	inertia4	inertia5
ユーザが設定する名前	inertiaEngine	inertiaClutch	inertiaTransmission	inertiaPropeller	inertiaAxle

■4.4.3　クラスの名前が果たす役割

名前を省略せずにフルで綴るのは次のような理由によります。

1）　省略するとその意味が誤解されてしまう可能性があるため。
　　TSt：TStart とも TStop とも理解できる。

2）　クラスを書いた後時間が経過して見直した際に忘れてしまっている可能性があるため。

3）　類似の名前を持つ関係のないクラスを誤って作らないため。

ただルールとしてはこのように書いていますが、非常に長い名前になってしまいプログラムが長くなり過ぎ、分かり易いつもりが分かりにくくなって困ることがあります。その場合は、作成者（または作成チーム）が省略ルールをきちんと決めて運用するようにして下さい。ルールを決めずに作ると必ず後でわからなくなります。

Modelica を使用する方の多くは複数の物理領域を扱うことが多いと思います。従って物理ドメインごとに単独で定めるのではなく、物理領域全般で重複が発生しないようにする必要があります。

ここでよく使いそうな物理量と記号について考えてみます。例えば圧力は Pressure ですが、角度は phi という記号で表現することが多くあります。そこで‘p’で始まる変数を定義する際には p が pressure なのか、phi なのかを決めておくべきです。この他に温度を表す theta は角度にも使用されますし、電圧を表す v は速度にも使用されます。

	物理量	省略候補 1	省略候補 2	省略候補 3	省略候補 4
時間	時刻	t	tm		
機械系（並進）	変位（位置）	s	x		
	速度	v	Vel		
	加速度	a	Acc		
	力	f	F		
機械系（回転）	角度（角変位）	phi	theta	Th	
	角速度	w	om	omega	
	角加速度	alp	alpha	A	
	トルク	tau	t	trq	
電気	電圧	v	V		
	電流	i	I		
	電力	p	pwr		
熱・流れ	温度	theta	temp	T	th
	圧力	p			
	質量流量	mdot			
	体積流量	vdot			
	熱流量	P			
	熱量	Q			
	差（接頭文字）	d	diff	delta	dlt

最終的には次のように決定し共有を図ります。

変数種類	ルールで定める省略文字	変数種類	ルールで定める省略文字
変位	x	角変位	phi
速度	v	角速度	om
加速度	a	角加速度	alp

4.5 ルックアップルール

packageを使い階層構造を取った場合、Modelicaではどのように見てくれるのでしょうか。

例として次のような構造を考えてみます。

BicyleDesign	/* Package */		
	SampleModel	/* Model */	
	Components	/* Package */	
		RotationalMechanism	/* Model */
	BaseComponents	/* Package */	
		StandardConnection	/* Model */
	Templates	/* Package */	
		PowerLossOfCyclists	/* Model */
	Functions	/* Package */	
		powerLoss	/* Function */

この時にPowerLossOfCyclistsがSampleModelとRotationalMechanismをオブジェクトとして含む場合、そのままRotationalMechanismを呼ぶことができないので

```
model PowerLossOfCyclists
  SampleModel sampleModel1;
  Components.RotationalMechanism rotationalMechanism1;
...
end PowerLossOfCyclists;
```

のように、自分の所属している階層よりも上に上がらないと見えないクラスは、階層を上がり見えるところから記述してやる必要があります。

モデルmodelで定義されているSampleModelの場合、1つ階層を上がったBicycleDesignの直下にあるので、クラス名を直接書くだけで十分です。

RotationalMechanism の場合は Components の中にあることを示すために Components.RotationalMechanism としてやる必要があります。

■ 4.5.1　import によるパスの省略

上の例で、長い名前で、または深い階層を作ってしまった場合に、フルパスで名前を書くのが難しい場面があります。

その場合、

```
import Base=BicycleDesign.BaseComponents;
```

と書くことでその後は

```
Base.StandardConnection
```

と表記できるようになります。この用法は MSL の中では単位系の省略で見ることができます。

```
import SI=Modelica.SIunits;
```

SI という 2 文字を付けるという制限は残りますが、Modelica.SIunits に代わって利用されいます。具体的には

```
parameter SI.Mass m(min=0, start=1) "Mass of the sliding mass";
```

のような表記が可能になります。

■ 4.5.2　encapsulated による探索の終了

ある範囲を超えての探索をしたくない場合に encapsulated を付けることで、そのクラスの外側を探索することを打ち切ることができます。

```
package LookUp "LookUp w or w/o encapsulated."
// Variable a is addressed by ConstantSearch
  model ConstantDefinition
    constant Real a=10;
  end ConstantDefinition;
//ordinal definition
  model ConstantSearch
    Real v;
  equation
    der(v)=ConstantDefinition.a;
  end ConstantSearch;
//search is not allowed outside the model with
encapsulated
  encapsulated model ConstantSearchEncapsulated
    Real v;
    Real a=11;  /* required to be declared */
  equation
    der(v)=a;
  end ConstantSearchEncapsulated;
end LookUp;
```

この例で2つのほぼ同内容のモデル ConstantDefinition と ConstantSearch-Encapsulated の動作の違いを見てみます。

モデル ConstantSearchEncapsulated は model の前に encapsulated というキーワードが追加されています。このため、a をこのモデルの外に探索しに行くことができませんので、内部に a を定義する必要があります。一方モデル ConstantSearch ではその制限がないため ConstantDefinition.a と記述することで外部の値を直接参照することができます。

■ 4.5.3　outer と inner

outer を付けた変数（オブジェクト）は inner で定義されている同名の変数

で置き換えることができます。ここでは比較のために何も付けていない定数 variable2 と inner を付けている variable1 の違いについて見てみましょう。

```
package InnerOuterTest
  model MainExecution
    inner Real variable1=1.2;
    SubExecution execution;
  end MainExecution;

  model ParametersRead
    constant Real variable2=1.5;
  end ParametersRead;

  model SubExecution
    Real v1;
    Real v2;
    outer Real variable1;
  equation
    der(v1)=variable1;
    der(v2)=ParametersRead.variable2;
  end SubExecution;
end InnerOuterTest;
```

variable1 はモデル SubExecution の中で outer を用いて再度宣言することでそのまま使用することが出来ています。一方で variable2 に関しては、宣言は ParametersRead の中で一回だけですが、ParametersRead.variable2 のように書く必要があります。

Modelica Specification（仕様書）の中では、次のような記載があります。

```
class A
  outer Real TI;
  class B
    Real TI;
    class C
      Real TI;
      class D
        outer Real TI; //
      end D;
      D d;
    end C;
    C c;
  end B;
  B b;
end A;

class E
  inner Real TI;
  class F
    inner Real TI;
    class G
      Real TI;
      class H
        A a;
      end H;
      H h;
    end G;
    G g;
  end F;
  F f;
end E;
```

```
class I
  inner Real TI;
  E e;
        // e.f.g.h.a.TI, e.f.g.h.a.b.c.d.TI, and e.f.TI
        is the same variable
        // But e.f.TI, e.TI and TI are different
        variables
  A a;
// a.TI, a.b.c.d.TI, and TI is the same variable
end I;
```

クラスEではクラスFとそのオブジェクトf、クラスFの中ではクラスGとそのオブジェクトg、クラスGの中ではクラスHとそのクラスh、クラスAによるオブジェクトaを宣言しています。それぞれTIをinnerつきまたはinnerなしで宣言していますが、outerで外側を参照しているのはAの中で宣言しているTIとクラスDの中で宣言しているTIだけです。このため、クラスIでinnerとouterの関係で同じ値をとれるのは、

e.f.TIとe.f.g.h.a.TI、e.f.g.h.a.b.c.d.TI

TIとa.TI、a.b.c.d.TI

であり、

e.f.TIとe.TI、TIは異なる値を取る

ことになります。

もう一つ掲載されているのが、inner/outerを関数に適用した場合です。

```
partial function A
input Real u;
output Real y;
end A;

function B // B is a subtype of A
extends A;
```

```
algorithm
...
end B;
class D
outer function fc = A;
...
equation
y = fc(u);
end D;

class C
inner function fc = B; // define function to be actually
used
D d; // The equation is now treated as y = B(u)
end C;
```

クラスCで実際に使用されるオブジェクトdではクラスCの中でinner functionとしてfc=Bとされており、かつクラスDではouter function fc=Aと定義されているので、Bを使用することとなります。ただしここで注意してければならないのは、関数BがAのサブタイプとして定義されている点です。このベースタイプとサブタイプの関係が設定されていないと文法チェックでエラーとなります。

第5章 MSL（Modelica Standard Library）の構造

Modelica Association（Modelica協会）は4つのサブグループがあり、それぞれ

- 言語としてのModelicaの改善・拡張
- MSLの拡充
- FMI（FunctionalMockupInterface）の規定
- SSP（System Structure and Parameterization of Components）の標準化

について活動をしています。ここで気をつけて欲しいのはMSLとModelicaは同期をしつつも別のグループで開発されている、つまり完全に一緒に開発されているわけではないことです。

Modelicaの最新は2017年8月15日時点で2017年4月10日付けでリリースとなっているVer.3.4ですが、MSLは2016年4月3日リリースの3.2.2（Build3）となっています。バージョンを話す際には「Modelica」「MSL」いずれの話をしているのか確認が必要です。

5.1 MSL

MSLの中には、ブロック（信号系の処理）、各種ドメイン（機械、熱など）、関数、定数、SI単位、参照されるアイコンなどが入っています。

またMSLの名前は「Modelica」です。すべてのModelicaツールでMSLの内部をModelica.xxxで呼び出すことができ、その前にZZZ.Modelicaのように何か別の単語を付けたりMSL.ZZZのようにつけることはありません。

MSLは内容をコピーして使うことが認められています。商用として販売するライブラリの場合でも可能です。

ただしMSLにはModelica License 2という条項が付き、流用した場合にはModelica License 2の表示と著作権表示を行う必要があります。詳しくは

Modelicaのウェブサイトを参照して下さい。

■ 5.1.1 MSLの構成

MSLの最上位階層（「Modelica」の直下）の構成は次のようになっています。

Name	Description
UsersGuide	ユーザガイド
Blocks	基礎的な入出力制御ブロック（連続、離散、論理、表）のライブラリ
ComplexBlocks	複素信号を持つ基礎的な入出力制御ブロックライブラリ
StateGraph	階層的な離散的なイベントとそれに反応するシステムをモデル化するための状態機械部品の階層的なライブラリ
Electrical	電気モデル（アナログ、デジタル、回転機、多相回路）のライブラリ
Magnetic	磁気回路モデルのライブラリ
Mechanics	1次元と3次元の機械部品（回転運動、並進運動、3次元マルチボディ）のライブラリ
Fluid	1次元の熱-流体フローのライブラリ。Modelica Mediaの材料表現を用いる
Media	流体材料モデルライブラリ
Thermal	熱伝播と簡単なパイプ内熱流れをモデル化する熱システムの部品ライブラリ
Math	数学関数（例えば正弦、余弦）と、ベクトルと行列の演算をする関数のライブラリ
ComplexMath	複素数の数学ライブラリ（例えば、正弦、余弦）と複素ベクトル、複素行列の演算をするライブラリ
Utilities	ファイルやストリーミング、文字列、システムに対するスクリプトを行うユーティリティ関数のライブラリ
Constants	数学定数や物理的な性質を表す定数（円周率、ボルツマン定数、真空中の誘電率など）のライブラリ
Icons	アイコンのライブラリ
SIunits	ISO 31-1992のSI単位系に基づく、物理量を定義するタイプと単位のライブラリ

5.2 MSLの構造から学ぶ

ここでは、メカ系（並進系）ライブラリを取り上げながら、その構造を説明して行きます。その構造を学ぶことで、自身のライブラリを開発する上で参考になる部分が多くあります。その知識を活かして、保守性の高いライブラリを構築することができると考えています。

■ 5.2.1 Modelica.Mechanics.Translationalの構成

メカ系（並進系）ライブラリは次の５つのサブパッケージから構成されています。

サブパッケージ名	内容
Examples	例題を格納
Components	部品（クラス）を格納
Sensors	センサ（計測）部品クラスを格納
Sources	境界条件となるような力（フロー変数）、変位・速度・加速度（ポテンシャル変数）を定義するクラスを格納
Interfaces	主にコネクタ（connector）で定義されるクラスを格納

日本人は無頓着になりがちですが、いずれも複数系のｓが最後に付いています。世界で通用するライブラリを目指すのであれば、ｓを自然に付けるようになりたいものです。

構成そのものはGUIつきのツールでパッケージを開いてみれば分りますが、ソースコード的には次のようになっています。

```
package Translational
  "Library to model 1-dimensional, translational
  mechanical systems"
  extends Modelica.Icons.Package;
  import SI = Modelica.SIunits;
```

```
package Examples
（以下略）
end Translational;
```

少し注目しておきたいのは、

```
extends Modelica.Icons.Package;
```

でパッケージを表すアイコン Icons.Package が extends されていることです。

アイコンは共通で使用されています。

次に

```
import SI = Modelica.SIunits
```

で単位系の表記を「Modelica.SIunits.xxxx」と書かずに「SI.xxxx」と省略形で書けるように宣言されていることです。

■ 5.2.2　Examples

ライブラリ（パッケージ）の中にサブライブラリ（サブパッケージ）として例題が入っています。

使い方を詳細に書くよりも一つの例題はより多くの情報を伝えます。解説の量を減らすことができます。

■ 5.2.3　Interfaces

サブパッケージの中で重要な働きをしているのが Interfaces です。この中でアクロス変数、スルー変数を決めています。次の表の中で Flange（フランジ）という言葉を使用していますが、一般形としは「Connector（コネクタ）」と呼ばれる接続端子を、機械系では特にフランジと呼んでいます。

Name	Description
Flange_a	1 次元並進系用フランジ（■）
Flange_b	1 次元並進系用フランジ（□）

Support	1次元並進系の支持/ハウジング用フランジ
InternalSupport	条件によりSupportの有効/無効を切り替えるアダプタモデル
PartialTwoFlanges	1次元並進系用フランジを2つ持つ部分（partial）モデル
PartialOneFlange AndSupport	1つの並進系フランジとsupportのフランジを持つ1次元並進系部分モデル。グラフィカルなモデリング（例えばドラグ・アンド・ドロップで基礎部品からモデルを作成する）時に使用。
PartialTwoFlanges AndSupport	2つの並進系フランジとsupportを持つ部分モデル。グラフィカルなモデリング（例えばドラグ・アンド・ドロップで基礎部品からモデルを作成する）時に使用。
PartialRigid	2つの1次元並進系フランジ間の長さを一定と定義した部分モデル
PartialCompliant	2つの1次元並進系フランジ間に弾性を持つ部分モデル
PartialCompliant WithRelativeStates	2つの1次元並進系フランジ間に弾性を持つ部分。モデルで相対変位、相対速度を独立変数とするのが望ましい（preferred）場合に用いる。
PartialElementary OneFlangeAndSupport	以前使用していた部分モデル。現在は代わりにPartial ElementaryOneFlangeAndSupport2を用いる
PartialElementary OneFlangeAndSupport2	1つの1次元並進系フランジ間に弾性とsupportのフランジを持つ部分モデル。テキスト型ツール向き。
PartialElementary TwoFlangesAndSupport	以前使用していた部分モデル。現在は代わりにPartial ElementaryTwoFlangesAndSupport2を用いる
PartialElementary TwoFlangesAndSupport2	1つの1次元並進系フランジ間に弾性とsupportのフランジを持つ部分モデル。テキスト型ツール向き。
PartialElementary RotationalToTranslational	回転運動と並進運動の変換をする部分モデル
PartialForce	フランジへ力が働く（フランジを加速する）部分モデル
PartialAbsoluteSensor	単独のフランジの絶対値を計測するための部分モデル。
PartialRelativeSensor	2つのフランジの相対値を計測するための部分モデル。
PartialFriction	クーロン摩擦をモデル化するための要素

Flange_aとFlange_bをソースコードから見てみましょう。

```
connector Flange_a
  "(left) 1D translational flange (flange axis directed
  INTO cut plane, e. g. from left to right)"
  SI.Position s "Absolute position of flange";
  flow SI.Force f "Cut force directed into flange";
  annotation(略);
end Flange_a;
```

```
connector Flange_b
  "(right) 1D translational flange (flange axis directed
  OUT OF cut plane)"
  SI.Position s "Absolute position of flange";
  flow SI.Force f "Cut force directed into flange";
  annotation(略);
end Flange_b;
```

この２つは「connector」で、ほぼ同じ内容です。

このコネクタで定義されているのは

フロー変数（スルー変数）として力ｆと

ポテンシャル変数（アクロス変数）である位置ｓ

の２つです。２つのコネクタはコメントと見た目（annotation の中で定義されている）に違いがありますが、これ自体にどちらが入口でどちらが出口という概念はありません。

この２つのコネクタを組み合わせたものが、PartialTwoFlanges です。

```
partial model PartialTwoFlanges
  "Component with two translational 1D flanges"
  Flange_a flange_a
    "(left) driving flange (flange axis directed in to
    cut plane, e. g. from left to right)"
    annotation (略);
```

```
  Flange_b flange_b "(right) driven flange (flange axis
  directed out of cut plane)"
    annotation (略);
end PartialTwoFlanges;
```

名前にPartialとつけているように、このモデルはpartialの宣言された部分モデルであり、モデルとして完結していません、このモデルをextendsして実際に実行できるモデルを作り使用するようになっています。

次にもう一つのコネクタSupportを見てみましょう。

```
connector  Support  "Support/housing  1D  translational
flange"
  SI.Position s "Absolute position of flange";
  flow SI.Force f "Cut force directed into flange";
  annotation (略);
end Support;
```

見てお分かりのように基本的にはFlange_a、Flange_bと同じです。

では次にPartialTwoFlangesとSupportを組み合わせたPartialTwoFlangesAndSupportを見てみましょう。

PartialTwoFlangesでは1次元並進系の両端の接続部を定義しているだけですが、固定をするための、支持部（Support）を定義したのがこの部分モデルです。

```
partial model PartialTwoFlangesAndSupport
  "Partial model for a component with two translational
  1-dim. shaft flanges and a support used for graphical
  modeling, i.e., the model is build up by drag-and-
  drop from elementary components"
  parameter Boolean useSupport=false
    "=  true,  if  support  flange  enabled,  otherwise
```

```
    implicitly grounded"
      annotation(略);
  Flange_a flange_a "Flange of left end" annotation (略);
  Flange_b flange_b "Flange of right end" annotation (略);
  Support support if useSupport "Support/housing of
  component" annotation (略);
equation
  connect(fixed.flange, internalSupport) annotation (略);
  connect(internalSupport, support) annotation (略);
  annotation(略);
end PartialTwoFlangesAndSupport;
```

Flange_a、Flange_b 及び Support のオブジェクトが宣言されています。

この中でモデルの作成方法として

```
parameter Boolean useSupport=false;
```

と

```
Support support if useSupport;
```

の２つの文はとても興味深い文です。useSupport はブーリアンのパラメータであり、こちらは true または false の値を取ります。パラメータなので実行前に false か true かを規定してやります。

Support support if useSupport;

はコネクタタイプ Support で定義されるコネクタ support をモデルの中で持つという宣言になりますが、useSupport が true の場合のみ存在できる、という事を示しています。デフォルトの false では support は存在しません。このように実行前にモデル内の要素（オブジェクト）の有無を変える場合にも boolean パラメータ変数を使用することが可能です。

この部分モデルでは、equation セクション中の connect 文でも support が使用されていることが分ります。ただしこの場合、connect 文を特に操作することなく、そのままで使用されています。これはModelicaでは無視されていることを示しています。

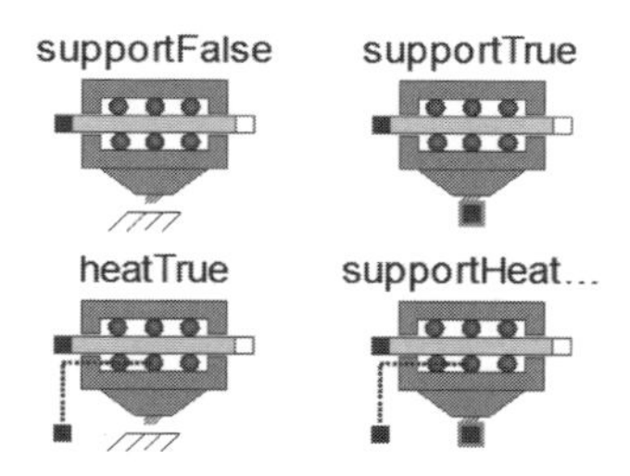

図 I -5-1 useSupport、useHeatPort=true と false のアイコンの違い

最後にPartialCompliantWithRelativeStatesを紹介します。

```
partial model PartialCompliantWithRelativeStates
  "Base model for the compliant connection of two
  translational 1-dim. shaft flanges where the relative
  position and relative velocities are used as states"
  parameter StateSelect stateSelect=StateSelect.prefer
    "Priority to use phi_rel and w_rel as states"
  annotation(略);
  parameter SI.Distance s_nominal=1e-4
    "Nominal value of s_rel (used for scaling)" annotation
    (Dialog(tab="Advanced"));
  SI.Position s_rel(start=0, stateSelect=stateSelect,
  nominal=s_nominal)
    "Relative distance (= flange_b.s - flange_a.s)";
  SI.Velocity v_rel(start=0, stateSelect=stateSelect)
    "Relative velocity (= der(s_rel))";
  SI.Force f "Forces between flanges (= flange_b.f)";
  Translational.Interfaces.Flange_a flange_a
    "Left flange of compliant 1-dim. translational
    component"
```

```
    annotation (略);
  Translational.Interfaces.Flange_b flange_b
    "Right flange of compliant 1-dim. translational
    component"
    annotation (略);
equation
  s_rel = flange_b.s - flange_a.s;
  v_rel = der(s_rel);
  flange_b.f = f;
  flange_a.f = -f;
  annotation (略);
end PartialCompliantWithRelativeStates;
```

ここでは flange_a、flange_b に加えて変数として s_rel、v_rel と f が宣言されています。

そして equation の中で 4 つの式が定義されています。

s_rel でコネクタ間の相対長さを示し、v_rel は s_rel の時間微分、さらに f を flange_a と flange_b で符号を変えて等しくすることでコネクタ間で f の向きを逆向きに定義しています。

もともと Flange_a と Flange_b にはそれぞれ 2 つの変数が使用されていました。またこの部分モデルでは新たに 3 つの変数が導入されました。従って変数は全部で 7、式は 4 つとなり、このモデルを実行できる形にするにはあと 3 つ式が必要です。通常は 2 つのコネクタを通じてそれぞれ 1 つずつ、合計 2 つの変数が決まります。そしてもう一つの変数を決める式はこのモデルを決めるための equation として部分モデルを extends したモデルの中で与えられます。

もう一つこのモデルの中で注目すべきは

```
parameter StateSelect stateSelect;
```

の文です。StateSelect は Modelica の中で規定されている Type で、前に述べたように、独立変数として優先するかという場合に用います。このタイプはすでに説明したように

never	独立変数として使用しない
avoid	独立変数として使用することをできるだけ避ける
default	適切と判断されれば独立変数として使用する（ただし微分されている場合のみ）
prefer	独立変数としてできるだけ使用する
always	必ず独立変数として使用する

の5つの値を取ることができますが、ここではpreferとしてs_relとv_relに適用しています。ただ、説明した名前の付け方のルールとしてはオブジェクトはstateSelect1のようにつけた方が適しているのですが、ここではstateSelectをそのままパラメータ変数として使っています。モデルを読む場合は、大文字小文字の違い（クラスとオブジェクトの違い）を混乱しないように読んでください。

■ 5.2.4　部品（Components）

Componentsに含まれる部品とのそのベースクラスを示します。

Class 名	ベースクラスなど
Fixed	Flange_b;
Mass	extends Translational.Interfaces.PartialRigid;
Rod	extends Translational.Interfaces.PartialRigid;
Spring	extends Translational.Interfaces.PartialCompliant;
Damper	extends Translational.Interfaces.PartialCompliantWithRelativeStates;
SpringDamper	extends Translational.Interfaces.PartialCompliantWithRelativeStates; extends Modelica.Thermal.HeatTransfer.Interfaces.PartialElementaryConditionalHeatPortWithoutT;
ElastoGap	extends Modelica.Mechanics.Translational.Interfaces.PartialCompliantWithRelativeStates;
SupportFriction	extends Modelica.Mechanics.Translational.Interfaces.PartialElementaryTwoFlangesAndSupport2; extends Modelica.Thermal.HeatTransfer.Interfaces.PartialElementaryConditionalHeatPortWithoutT;

Brake	extends Modelica.Mechanics.Translational.Interfaces.PartialElementaryTwoFlangesAndSupport2; extends Modelica.Thermal.HeatTransfer.Interfaces.PartialElementaryConditionalHeatPortWithoutT;
IdealGearR2T	extends Modelica.Mechanics.Rotational.Components.IdealGearR2T;
IdealRolling Wheel	extends Modelica.Mechanics.Rotational.Components.IdealRollingWheel;
MassWithStop Friction	extends PartialFrictionWithStop; extends Modelica.Thermal.HeatTransfer.Interfaces.PartialElementaryConditionalHeatPortWithoutT;

MSLは継続的に開発が行われ徐々にクラス（model、block、functionaなど）数が増えています。このため以前からあるクラスは旧来のベースタイプを残して使用しており、以前からあるモデルはそのままのベースタイプを、新しいモデルになるほど、新しい複雑なベースタイプを使うようになっています。

具体的なクラスの内容

SupportFrictionやBrakeに見られるように複数のベースモデルを持たせることもあります。それではここでは簡単なモデルであるSpringDamperを見てみましょう。

```
model SpringDamper
  "Linear 1D translational spring and damper in parallel"
  extends  Translational.Interfaces.PartialCompliant
  WithRelativeStates;
  parameter  SI.TranslationalSpringConstant  c(final
  min=0, start = 1)
    "Spring constant";
  parameter  SI.TranslationalDampingConstant  d(final
  min=0, start = 1)
    "Damping constant";
  parameter  SI.Position  s_rel0=0  "Unstretched  spring
```

```
  length";
  extends
Modelica.Thermal.HeatTransfer.Interfaces.Partial
ElementaryConditionalHeatPortWithoutT;
protected
  Modelica.SIunits.Force f_c "Spring force";
  Modelica.SIunits.Force f_d "Damping force";
equation
  f_c = c*(s_rel - s_rel0);
  f_d = d*v_rel;
  f = f_c + f_d;
  lossPower = f_d*v_rel;
annnotation(略);
end SpringDamper;
```

SpringDamperで宣言されているパラメータは3つです。バネ定数c、ダンパ定数d、無荷重長さ(unstretched spring length) s_rel0。これに加えてベースモジュールの1つである「PartialElementaryConditionalHeatPortWithoutT」で定義されている「useHeatPort」という論理変数がパラメータとなっています。さらに前に説明した「PartialCompliantWithRelativeStates」で定義されている論理パラメータ「stateSelect」と実数パラメータ「s_nominal」がパラメータになります。

簡単にequationセクションの各式を説明すると

```
f_c = c*(s_rel - s_rel0);
```

「PartialCompliantWithRelativeStates」で定義されている相対長さs_relから無荷重長さを引いてバネ定数をかけることでバネによる力成分f_cを求める。

```
f_d = d*v_rel;
```

「PartialCompliantWithRelativeStates」で定義されている相対速度v_relにダ

ンパ定数をかけることでダンパによる力成分 f_d を求める。

```
f = f_c + f_d;
```

各力成分を足し合わせる。

```
lossPower = f_d*v_rel;
```

「PartialElementaryConditionalHeatPortWithoutT」で定義されている lossPower としてダンパ力と相対速度の積を与えている。

■ 5.2.5 Sensors

1D 並進機械系なので、センサとしては「位置」(アクロス変数) とこれを微分した「速度」さらにもう 1 階微分した「加速度」の 3 種類の変数について出力することが第一となります。これに「絶対」と「相対」の 2 つについて出力することが考えられるので、合計 6 種類の変数を出力するセンサを用意しています。またスルー (フロー) 変数の「力」と、「力」と「速度」の積である「パワー」の 2 種類を出力するセンサを用意しています。

さらに最後の MultiSensor は「力」「パワー」に加えて「速度」も出力することができます。

Name	Description
PositionSensor	絶対位置を計測する理想センサ
SpeedSensor	絶対速度を計測する理想センサ
AccSensor	絶対速加速度を計測する理想センサ
RelPositionSensor	相対位置を計測する理想センサ
RelSpeedSensor	相対速度を計測する理想センサ
RelAccSensor	相対速加速度を計測する理想センサ
ForceSensor	2 つのフランジ間の力を計測する理想センサ
PowerSensor	2 つのフランジ間のパワーを計測する理想センサ (= flange_a.f*der (flange_a.s))
MultiSensor	2 つのフランジ間の力と、絶対速度とパワーを計測するセンサ

様々な組合せのセンサは、その場で使用しなくても予め用意しておくと便利だと考えられます。ただし、MSLでも初期のバージョンでは、このように豊富なセンサは用意されていませんでした。次第に拡張された結果、このように豊富なセンサ群を持つようになっています。

■ 5.2.6　Sources

センサと同様にソースもスルー（フロー）変数である「力」、アクロス変数である「変位」そして「速度」「加速度」に関するソースがあります。多くは外部信号入力で駆動します。加えて力には、速度依存、速度の自乗依存、一定、ステップ状変換などが用意されています。「入力信号で駆動する」ポートを持つソースモデルがあれば、多くの種類を設けることは不要です。ただし「変位」「速度」「加速度」などの区別があるものは、予め信号駆動できるソースを1つ作成しておいた方が良いと考えられます。

Name	Description
Position	入力信号によるフランジへの強制位置変位
Speed	入力信号によるフランジへの強制速度
Accelerate	入力信号によるフランジへの強制加速度
Move	入力信号による強制的な変位、速度、加速度の組合せ
Force	入力信号によって駆動する外部の力
Force2	入力信号によって駆動する力、両端にポートを持つのでトルクのような効果。
LinearSpeedDependentForce	速度に線形比例する力
QuadraticSpeedDependentForce	速度の自乗に比例する力
ConstantForce	一定の力
ConstantSpeed	一定の速度
ForceStep	ステップ状に変化する力

注、Sourcesの中のmodelであるPositionとSpeedには論理パラメータexactと実数（周波数）パラメータf_critが導入されている。exact=trueの時には入力した信号に厳密にそれぞれ「位置」「速度」を強制的に与える。しかしexact=falseとするとf_critが有効になり、この数値を基準に入力信号にフィルタをかけて信号をなまらせて入力できるようになっている。

第 2 部
例題編

第１章
基本的な Modelica プログラム

1.1　例題１：ベクトル演算

入力される三次元空間の３点の座標を通る平面の法線を求めるブロックを作成する。

■1.1.1　考え方

与えられる座標３点をA、B、Cとします。ベクトルABとベクトルACに直交するベクトルを求めると法線ベクトルになります。

■1.1.2　プログラム例

Modelicaではベクトルの演算が可能です。これを上手く使うと次のようなblockを組むことができます。

```
block Perpendicular "Calculate perpendicular vector"
  Modelica.Blocks.Interfaces.RealInput u1[3];
  Modelica.Blocks.Interfaces.RealInput u2[3];
  Modelica.Blocks.Interfaces.RealInput u3[3];
  Modelica.Blocks.Interfaces.RealOutput y[3];
  Real vec1[3] "vector from cord1->cord2";
  Real vec2[3] "vector from cord1->cord3";
  Real perp[3] "unit internal perpendicular vector";
equation
  vec1=u1-u2;
  vec2=u1-u3;
  perp*vec1=0;
```

```
  perp*vec2=0;
  perp[3]=sqrt(1.-perp[1]^2-perp[2]^2);
  perp=-y;
end Perpendicular;
```

注. 上記例題では RealInput に annotation が記載されていません。このため上記をプログラミングしても実際のコネクションをするための表示がされません。実際のツールを用いてグラフィカルな接続をするためには、まずそのツールを用いてグラフィカルエディタのコネクションビューモードで３つの Modelica.Blocks.Interfaces.RealInput と１つの RealOutput を配置し、その後テキストモードで上記プログラムのように RealInput。RealOutput をそれぞれをベクトル化して使用するようにしてください。（付録参照）

ここで vec1 はベクトル AB、vec2 はベクトル AC に相当します。求めるベクトルを perp としています。

vec1 と perp、vec2 と perp が直交するという条件から２つの式が作られます。しかし未知数が３つあるので２式だけでは不足してしまいます。そこで３番目の式としてベクトルの大きさは１であることを示す式

```
perp[3]=sqrt(1.-perp[1]^2-perp[2]^2);
```

を加えることにより直交する単位ベクトル perp が求められます。

■1.1.3　実行例

３つの入力に対して次のように入力してみました。

u1 に {0,0,0}、u2 に {0,1,0}、u3 に {sin(2π*time), 1,0}

オブジェクトである「real000」「real001」はベクトル化して u1、u2 と接続し、u3 はそれぞれを u3[1]、u3[2]、u3[3] と接続しています。

今回はブロックで表現してみました。これを関数にすることも可能です。演習としてご自身で作成してみて下さい。

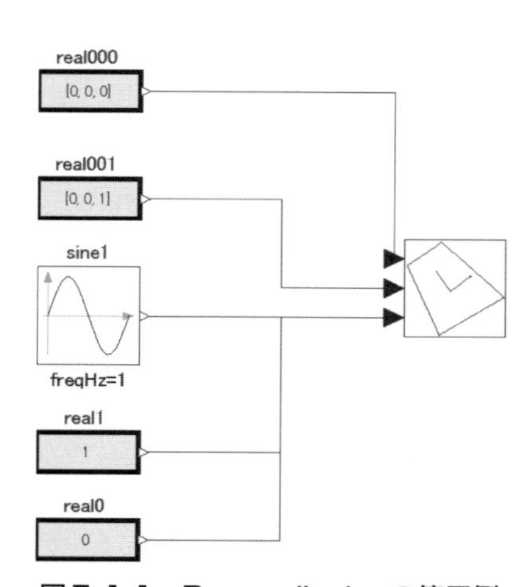

図Ⅱ-1-1　Perpendicular の使用例

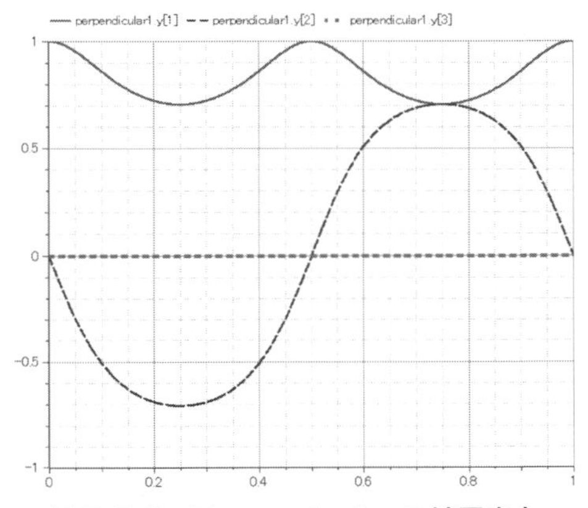

図Ⅱ-1-2　Perpendicular の結果出力

1.2　例題 2：パラメータを持つ微分方程式を解く

次の微分方程式を解いてみましょう。

c dx/dt=f−x

ただし c、f はパラメータとする。

■ 1.2.1　考え方

特に何も考えずにパラメータとして、f と c を定義し、さらに未知数である x を定義してやればそのまま答えが出てきます。

```
model FirstOrder
  parameter Real f = 1.0;
  parameter Real c = 0.25;
  Real x;
equation
  c*der(x) = f-x;
end FirstOrder;
```

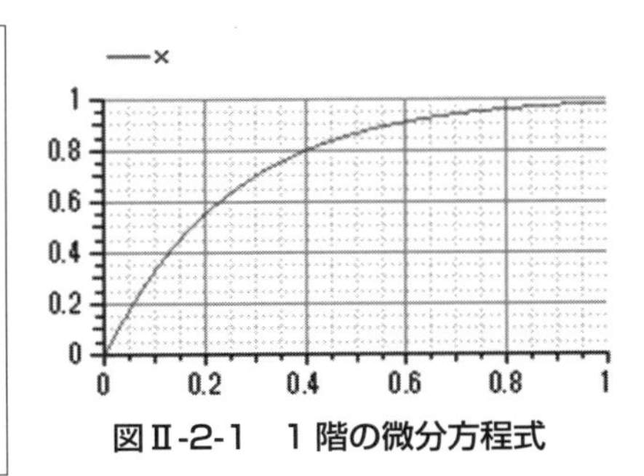

図Ⅱ-2-1　1 階の微分方程式

（参考：http://tour.xogeny.com/#/chapter-1/lesson-3）

■ 1.2.2　モデルの発展

このモデルを発展させてみます。

例題 2-1

t=0 のとき初期値 x=5 となるように設定してみましょう。

```
model FirstOrder
  parameter Real f = 1.0;
  parameter Real c = 0.25;
  Real x (start =5, fix=true);
equation
  c*der(x) = f-x;
end FirstOrder;
```

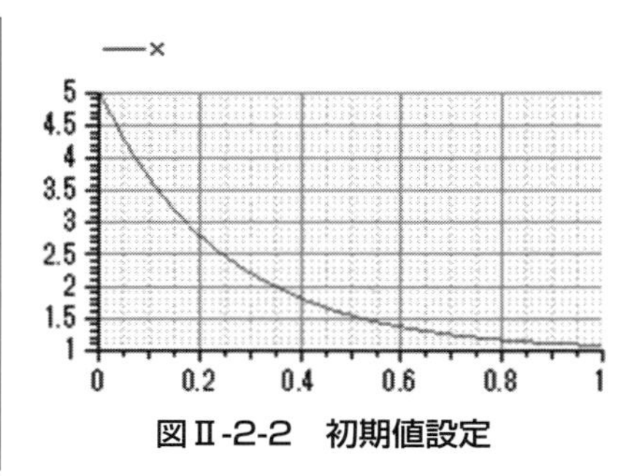

図Ⅱ-2-2　初期値設定

例題 2-2

例題 2-1 のモデルを変更して、x の時間微分も明示的に求めてみましょう。

```
model FirstOrder
  parameter Real f = 1.0;
  parameter Real c = 0.25;
  Real x (start =5, fix=true);
  Real v;
equation
  c*v = f-x;
  der(x)=v;
end FirstOrder;
```

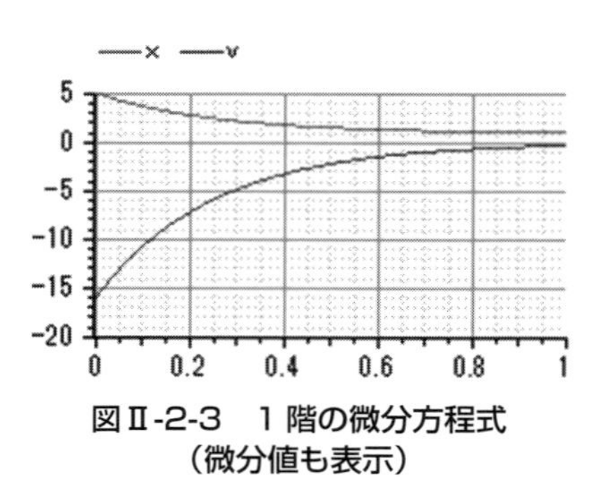

図Ⅱ-2-3　1 階の微分方程式
（微分値も表示）

1.3　例題3：跳ねるボール

ある初期速度から打ち上げられて、地表面（平面）で跳ねるボール（bouncing ball）をモデル化してみましょう。

■1.3.1　考え方

この例題はTiller、Fritzsonでも取り扱われている例題です。いろいろなアプローチがありますが、reinitを用いて、ある条件になった時に初期化することで計算する方法を考えてみます。

ボールの半径をr、地表面からのボール中心高さをx、ボールの速度vはxを微分したものとします。

ボールは回転していないと仮定します。ボールと床との反発係数をkとします。

■1.3.2　プログラム例

問題文中では記述していませんが、加速度（重力加速度）、初速度、初期位置（高さ）などを定義する必要があります。

```
model BouncingBall
  Modelica.SIunits.Distance x(start=height,fixed=true);
  parameter Modelica.SIunits.Distance height=1;
  Modelica.SIunits.Velocity v(start=v0, fixed=true);
  parameter Modelica.SIunits.Velocity v0=1;
  parameter Modelica.SIunits.Length r=0.1;
  parameter Modelica.SIunits.Acceleration g=-9.8;
  parameter Real k=0.8;
  equation
    der(x)=v;
    der(v)=g;
    when x-r <0 then
      reinit(v, -pre(v)*k);
    end when;
end BouncingBall;
```

■ 1.3.3　実行例

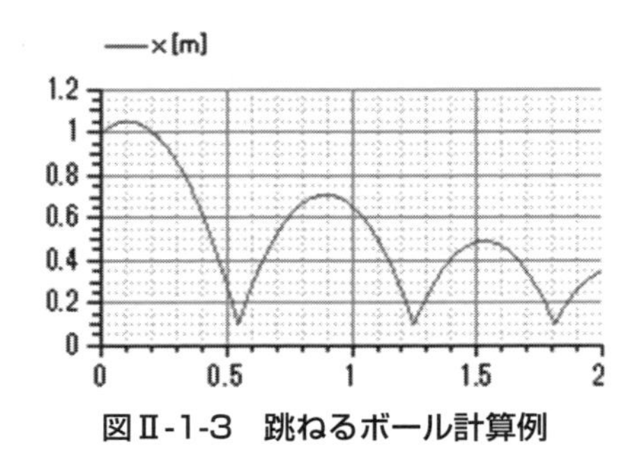

図Ⅱ-1-3　跳ねるボール計算例

ボール中心の初期高さ1［m］のところから上昇し、0.1s程度で最大高さ約1.1［m］に到達し落下が始まります。0.54s付近で0.1［m］になり、ボールの半径分オフセットしたところで床と接触し再度上昇に転じます。

■ 1.3.4　ゼノ効果

計算時間を5sと設定して計算させてみます。すると次のような結果になります

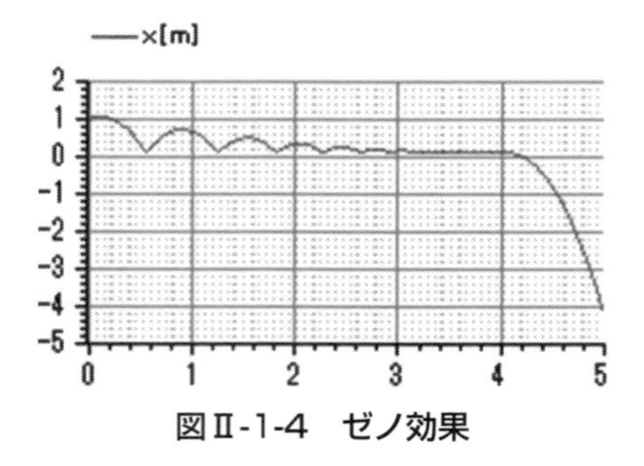

図Ⅱ-1-4　ゼノ効果

4s過ぎのところから地表面の中に食い込んでいくような落下が始まってしまいました。ゼノ効果（Zeno Effect）と呼ばれる現象です。これは数値演算での桁落ちにより

```
when x-r <0 then
  reinit(v, -pre(v)*k);
```

when 文 reinit による v の再初期化で v が微小すぎて x-r>=0 が実現できない場合に発生します。

反発係数 k をデフォルトの 0.8 から 0.2 に変えてみます。反発係数を小さくしたので、バウンドする高さが低くなり、k=0.8 よりも早い時刻でゼノ効果が観測されます。ボールの高さ x と速度 v を重ねてプロットすると次のようになります。

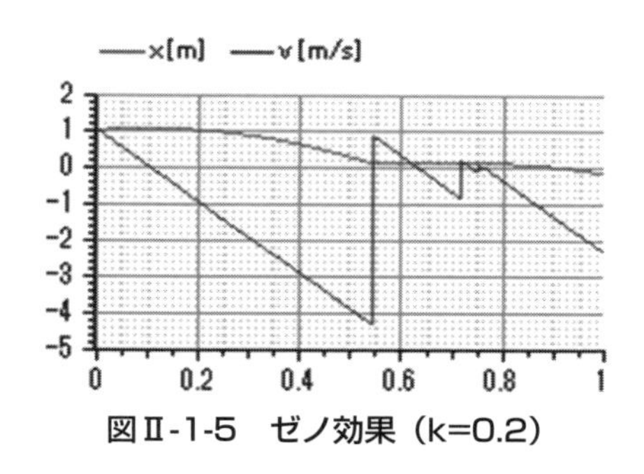

図Ⅱ-1-5　ゼノ効果（k=0.2）

0.8s になる前からボール半径 0.1 より小さな位置が観測され、床を突き破った落下が始まっていることが確認されます。

■ 1.3.5　例題の発展

この例題は、

① 斜めにボールを打ち出した場合、

② 空気抵抗を含む場合、

③ ①と②を組み合わせた場合

などに発展させることができます。それぞれ試しに作成してみてはいかがでしょうか。

第 2 章
ライブラリの作成例題
(熱ライブラリを作成する)

MSL には Thermal という名の熱計算用のライブラリがあります。ここではこれを模したライブラリを作成して実際のライブラリ開発の手順を学んでみたいと思います。

熱の伝わり方には大きく 3 種類あります。
　熱伝導（固体内の熱の伝播）
　熱伝達（固体と流体の熱の伝播）
　熱輻射／熱放射（固体間の電磁波による熱の伝播）
ここでは簡単化のために熱伝導と熱伝達の 2 つに絞ります。

2.1　ライブラリの部品―熱ライブラリに必要なクラス

まず、作成するクラスをリストアップします。

■ 2.1.1　部品のリストアップ

そのクラスに設定するパラメータとそのクラスから取り出したい結果を考えます。ただしこの時点では性質以外の「パラメータ」や「出力する結果」が十分かどうかは判りません。しかし何をしたいのかを明確に定義しないと方向性がぶれるので、仮でもそのようなものを考える必要があります。

表Ⅱ-2-1　ライブラリの構成要素

	部品の性質	パラメータ	出力結果
熱容量	熱を内部に蓄積する部品 均一の材料で構成される	体積 volume 比熱 Cp 密度 rho	温度
熱伝導	固体内で熱の伝わり方を示す部品 均一の断面積と長さを与える	断面積 S 長さ length 熱伝導率 λ	通過熱流量 温度差
熱伝達	固体–流体間の熱の伝わり方を示す部品 界面は一定の熱伝達率を持つ	面積 S 熱伝達率 h	通過熱流量 温度差
温度境界	接続した部品の温度を与えた温度に拘束する部品（境界条件）	境界温度 thetaWall	熱流量
熱流境界	接続した部品への熱流（量）を拘束する部品（境界条件）	流入熱流 qWall	温度
温度計	接続された部分の温度を計測する部品		温度
熱流計	接続された部品間の熱流量を計測する部品		熱流量

■ 2.1.2　接続部の定義

次に熱に関するスルー（フロー）変数とアクロス（ノンフロー）変数を決めます。

スルー変数には、接続部の合計が0になる物理量として熱流量（SI単位では［W］）を、アクロス変数としては温度（SI単位では［K］）を用いることとします。

この2つの変数を用いてコネクタを定義します。

名前をTPinとします。

```
connector TPin
  Modelica.SIunits.Temperature T "Connector Temperatue";
  flow Modelica.SIunits.HeatFlowRate Q_flow "Heat Flow";
end TPin;
```

このコネクタをどのように組み合わせるか考えるため、先に挙げた部品を次の2つに分類してみます。

熱流量が通過する部品（端子が2つ必要なもの）

熱流量が通過しない部品（端子が1つで足りるもの）

表Ⅱ-2-2　コネクタと部品

熱流量が通過する部品	熱伝導、熱伝達、熱流量計
熱流量が通過しない部品	熱容量、熱伝達境界、温度境界、熱流量境界、温度計

このように考えると2つの接続タイプに分けられることが判ります。そこで共通のコネクタを次のように定義します。

表Ⅱ-2-3　コネクタに定義する変数

2つのコネクタ	温度θ1とθ2、熱流量（流入）をq1とq2
1つのコネクタ	温度θ

```
partial model SinglePort
  TPin tPin1;
end SinglePort;
```

```
partial model DoublePort
  TPin tPin1;
  TPin tPin2;
end DoublePort;
```

■ 2.1.3　部品の式

熱の基本式から各モデルの式を考えます。これらの式は熱の基本式です。部品を作成するためには、このような基本式を探してくる必要があります。

表Ⅱ-2-4　部品の式

熱容量	$q1 = \Delta\theta \times C$　　$\Delta\theta$ は時間による温度、C は熱容量 $C = V \times rho \times Cp$
熱伝導	$\theta 1 - \theta 2 = q1 \times length/S/\lambda$ $q1 = -q2$
熱伝達	$q1 = S \times h \times (\theta 1 - \theta 2)$ $q1 = -q2$
温度境界	$\theta =$ 指定した値
熱流量境界	$q =$ 指定した値
温度計	$\theta =$ 内部温度、q はゼロ
熱流量計	$\theta 1 = \theta 2$、$q1 = -q2$

2.2　ライブラリの構成

それではこれらを用いてライブラリを構成してみます。今までの内容から次のようにライブラリを構成してみます。なおこのライブラリ構成は後に若干見直しを行います。

表Ⅱ-2-5　ライブラリ構成

Examples		例題サブパッケージ
	未定	
Components		部品サブパッケージ
	ThermalMass	熱容量
	HeatConduction	熱伝導
	HeatConvection	熱伝達
Sources		ソースサブパッケージ
	TSource	音度境界
	HeatSource	熱流量境界
Sensors		センサーサブパッケージ
	TempMeter	温度計
	HeatFlowMeter	熱流量計
Interfaces		インターフェースサブパッケージ
	TPin	コネクタ
	SinglePort	部分モデル（ポートが１つ）
	DoublePort	部分モデル（ポートが２つ）

2.3 クラスの作成

ライブラリ内にどのように配置されるかを決めたので、どの階層まで見えるかが決まってきます。またどのインターフェースを用いるか、どの式を用いるか、パラメータを何にするかを決めたので、配置を考慮しながらコーディングを行ってみましょう。

■ 2.3.1 熱容量

モデル名 ThermalMass と import SI=Modelica.SIunits で始めています。この形はこの後いくつかの model で共通の使い方になります。さらにコネクタを extends しパラメータ、内部で用いる変数を定義し、現象を表す方程式を書いています。

```
model ThermalMass
import SI=Modelica.SIunits;
extends Interfaces.SinglePort;
parameter SI.Volume V "Volume of Thermal mass";
parameter SI.Density rho "Density of Thermal mass";
parameter SI.SpecificHeatCapacity Cp
  "Specific Heat Capacity of Thermal mass";
SI.HeatCapacity C;
SI.Temperature theta;
equation
  theta=tPin1.T;
  C=V*rho*Cp;
  C*der(theta)=tPin1.Q_flow;
end ThermalMass;
```

■ 2.3.2 熱伝導

熱伝導モデルでは ThermalMass と違って DoublePort を extends しています。

このため DoublePort で定義されている変数間関係定義が必要になります。この関係式は equation セクションに書いています。

```
model HeatConduction
import SI=Modelica.SIunits;
extends Interfaces.DoublePort;
parameter SI.Length length "Length of Conductor";
parameter SI.Area S "Section Area of Conductor";
parameter  SI.ThermalConductivity  lambda  "Thermal
Conductivity";
SI.ThermalResistance rThermal;
SI.TemperatureDifference deltaT;
equation
  deltaT=tPin1.T-tPin2.T;
  rThermal=length/lambda/S;
  deltaT =tPin1.Q_flow*rThermal;
  tPin1.Q_flow=-tPin2.Q_flow;
end HeatConduction;
```

■ 2.3.3　熱伝達

熱伝達と熱伝導は非常によく似た構成になっています。熱伝導では rThermal を求める式を作りましたが、熱伝達では使用していないため式自体は少なくなっています。

```
model HeatConvection
import SI=Modelica.SIunits;
extends Interfaces.DoublePort;
parameter SI.Area S "Surface area to Fluid)
parameter SI.CoefficientOfHeatTransfer h
  "Coefficientof Heat Convection";
SI.TemperatureDifference deltaT;
```

```
equation
  deltaT=tPin1.T - tPin2.T;
  deltaT*h*S =tPin1.Q_flow;
  tPin1.Q_flow=-tPin2.Q_flow;
end HeatConvection;
```

■ 2.3.4　温度境界

温度境界ではコネクタの温度をパラメータの値と等しく置くきわめて単純な構成になっています。

```
model TSource
import SI=Modelica.SIunits;
extends Interfaces.SinglePort;
parameter SI.Temperature TBoundary;
equation
  TBoundary = tPin1.T;
end TSource;
```

■ 2.3.5　熱流量境界（発熱源）

熱流量境界では温度境界と同様にコネクタの流入熱量をパラメータの値と等しく置く単純な構成になっています。

```
model HeatSource
import SI=Modelica.SIunits;
extends Interfaces.SinglePort;
parameter SI.HeatFlowRate Q_flow " Heat Flow Rate at
Boundary";
equation
  Q_flow = tPin1.Q_flow;
end HeatSource;
```

■ 2.3.6　温度計

温度計は1端子のSinglePortをextendsして作成しています。表Ⅱ-2-4でも書きましたが温度を出力変数と等しいと置くだけでなく、Q_flowをゼロとおいている点に注意して下さい。

```
model TempMeter
import SI=Modelica.SIunits;
extends Interfaces.SinglePort;
output SI.Temperature temperature;
equation
  tPin1.T=temperature;
  tPin1.Q_flow=0;
end TempMeter;
```

■ 2.3.7　熱流量計

熱流量計はDoublePortをextendsしています。内部での温度変化が無い、つまり温度が両側で等しいと置いている点に注意が必要です。

```
model HeatFlowMeter
import SI=Modelica.SIunits;
extends Interfaces.DoublePort;
output SI.HeatFlowRate Q_flow;
equation
  Q_flow=tPin1.Q_flow;
  tPin1.Q_flow= - tPin2.Q_flow;
  tPin1.T = tPin2.T;
end HeatFlowMeter;
```

■ 2.3.8　例題の作成

例題に加えるモデルとして次のモデルを考えてみます。

一定温度の流体に接していて、一定の発熱量で発熱する固体の温度がどのように変化するのかを調べる。

```
model ConvectionSample
  Components.HeatConvection heatConvection1(h=20,S=1e-2);
  Components.ThermalMass  thermalMass1(V=1e-6,  rho=1e3,
  Cp=4);
  Sources.TSource tSource1(TBoundary=293.15);
  Sources.HeatSource heatSource1(Q_flow=5);
equation
  connect(heatSource1.tPin1, thermalMass1.tPin1);
  connect(thermalMass1.tPin1, heatConvection1.tPin1);
  connect(heatConvection1.tPin2, tSource1.tPin1);
end ConvectionSample;
```

この例題を実行すると次のような結果が出ます。

この結果に疑問を持つ方はそのまま見逃してください。後ほど2.5.2で解説します。

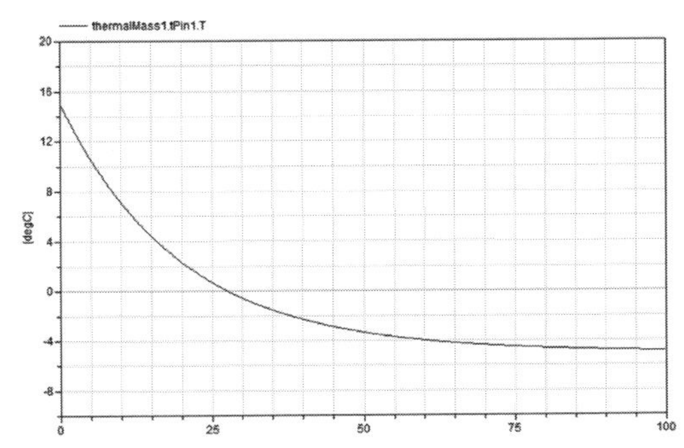

図Ⅱ-2-1　熱ライブラリ　サンプルプログラムの結果

2.4　構成の見直し

これで一通りのモデルが揃いました。ライブラリ開発はこれで一通り終わりです。しかしこれで良かったのか、それとも修正する余地があるのかを考える必要があります。次の点を見直す必要があります。

■ 2.4.1　全体的な構成

サブパッケージ

ライブラリの中の各サブパッケージの配置は適切でしょうか。特に Interfaces 中のコネクタとモデルは使いにくくないでしょうか。

クラスの過不足

今の段階では初めから輻射による熱伝播は無視するとしてきました。この段階で、または今後の段階で用意したい要素はないでしょうか。

■ 2.4.2　部分的な修正

パラメータのデフォルト設定

パラメータで定義した変数はデフォルト値を設定することができます。今回のライブラリでは、全くデフォルト値を設定していません。このため、例題で初めてすべてのパラメータを与えています（与えないとエラーになります）。あらかじめ与えたほうが良いのか、与えるとするとどのような値を与えるべきかを考える必要があります。

コメント

パラメータにはパラメータ名称（変数名）に加えてコメントを与えることができます。GUI 操作のできるツールではパラメータ入力のウィンドウでコメントも表示されることが多いので、わかり易いコメントを加えることでより正しくパラメータを入力できます。

流入流出の方向

今回のポート TPin では熱の流入が正になっています。このため、例題では

```
Sources.HeatSource heatSource1(Q_flow=5);
```

で定義された発熱源にも関わらず、温度は上昇せずに下降してしまっています。発熱源としながら吸熱体になっていますが、このまま残すべきでしょうか。それとも内部式を変えるべきでしょうか。

アイコン

皆に使ってもらうためには「各ツールのライブラリツリー上での見え方」「クラスをダイアグラム上で表示する場合の見え方」を工夫する必要があります。ただし、この部分はよほど多くの人が使用する場合を除いて、わかり易いグラフィックスを作るために多大な時間を費やするのは無駄であると筆者は考えています。

なおアイコンもextendsすることができます。このため表Ⅱ-5の分類にはないIconsというサブパッケージを定義し、その中に画像情報だけ持つSourceIcon、ConductanceIconなどをpartial modelとして登録すると、そのライブラリ共通部分のアイコンを何度も作成する必要がなくなります。

2.4.3　修正とその時期

このように書いて来ると、直ちに修正しなければならないと思いがちがですが、バグでなければ必ずしも修正する必要はないかもしれません。何人かに試用してもらい、

今すぐに変えるべき点：パッケージ基本構成、バグや利用感
将来的に変えるべき点：クラスの追加、アイコンなどのグラフィクス付きツール対応

を考えるべきだと思います。

パッケージ構成を変えてしまうと、エンドユーザが作成したモデルが使えなくなってしまう可能性が大です。このため、パッケージ構成が良くない、と判断したら、勿体ないですが「今すぐに変えるべき点」として改修し、配布するようにして下さい。

2.5　ライブラリ拡張の例題

縦・横の長さの等しい2つの平行平板が行う輻射熱授受を計算するクラスを

定義してください。
　どの式を使用するか、コネクタは何を使うのか、パラメータとして何を使うのか、を考えてからクラスを作成してください。

第3章
特殊2サイクルエンジンの
燃焼プロセスモデル化

ここでは今まで学んで来た知識を組み合わせてやや複雑なモデルの作成を考えてみます。

取り上げるのは特殊な2サイクルエンジンの燃焼プロセスです。舶用などの大型ディーゼルエンジンでは2サイクルエンジンが利用されていますが、このモデルは、小型ガソリンエンジンでも、大型ディーゼルエンジンでもありません。あくまでも例題なので実現性は無視してください。

3.1　エンジンの動作

このエンジンで起こる現象は4つのゾーンに分けることができます。

ゾーン1：圧縮が行われます。この際等温で圧縮されます。

ゾーン2：爆発が起こります。瞬間的な温度上昇で一定の単位時間あたり発熱量で熱が発生します。

ゾーン3：膨張が起こります。この膨張もゾーン1と同じで等温で起きます。

ゾーン4：瞬間的に放熱が起きます。

ゾーン4から1に移る瞬間に初期化され、吸排気と燃料の供給が行われます。

このように書いてもよくわからないので式を書いてみます。

まずすべてのゾーンで共通なのは容積（シリンダ容量）Vと圧力p、温度Tの関係を表す

$$pV=nRT$$

の状態方程式です。またVは回転角度ϕを用いて

$$V=V0*(1/Cr+(1-\sin(\phi-\pi/2)/2)$$

ただしV0は排気量、Crは圧縮比

と表されるものとします。

ゾーン1と3ではこれに加えてTは一定という状態となります。

ゾーン2と4ではそれぞれ発熱と放熱があります。このときほぼ容積一定で温度上昇（下降）に伴う仕事が行われるものと考えます。

またゾーン1に入った瞬間に内部のガスは入れ替わりリセットされ初期温度、初期圧力になるものとします。

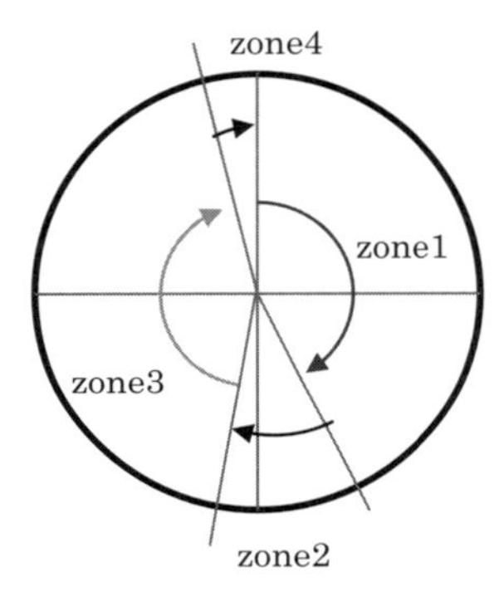

図Ⅱ-3-1　ゾーンと角度

表Ⅱ-3-1　ゾーンとその現象を表す式

	開始デフォルト値	現象式
1	0　　* $\pi/2$	p*V=n・R・T, T=const.
2	1.999　* $\pi/2$	Cv*(ΔT・V+T・ΔV)=ΔQ P*V=n・R・T
3	2.000　* $\pi/2$	p*V=n・R・T, T=const.
4	3.999　* $\pi/2$	Cv*(ΔT・V+T・ΔV)=−ΔQ P*V=n・R・T

ここでpは気圧、Vは容積、nは気体のモル数、Rは気体定数。vは定積比熱、ΔQは発熱量

その結果としてこのエンジンの動作は横軸に容積V、縦軸に圧力pをとり両対数のグラフを描かせると図のように平行四辺形型になります。

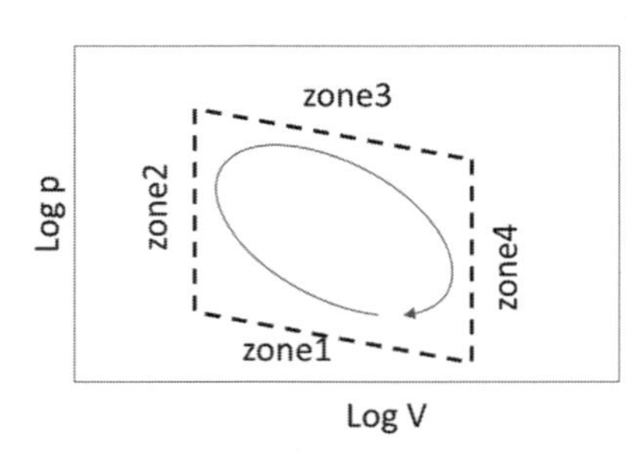

図Ⅱ-3-2　容積 - 圧力線図

3.2 定式化

最も重要な式をModelicaで記述してみましょう。なおModelicaでは円周率πをMSLのConstants.piつまりModelica.Constants.piとして定義されています。このあとのプログラムでは

```
Real pi=Modelica.Constants.pi;
```

が定義されているものとします。

3.2.1 ゾーン共通式

```
p*V=n*R*T;                                    ①
```

と

```
V = V0*(1/Cr+(1-sin(phi-pi/2)/2));            ②
```

この2つの式はいずれもそのまま使用することもできそうです。

念のために①の時間微分形も考えてみましょう。

```
der(p)*V+p*der(V)=n*R*der(T);                 ①'
```

3.2.2 ゾーン別の式

個別式1 T=const

Tが明示的にわかっていれば値を代入しても構いませんが、どんな値になっているのかわかりません。したがってここでは

```
der(T)=0;                                     ③
```

とします。

個別式 2　Cv*(ΔT・V + T・ΔV) = ΔQ（または –ΔQ）

物理現象を表す際にこのように増分形で記述されることが多々あります。

ここでは時間微分形に直して

```
Cv*(der(T)*V+T*der(V)=der(Q);                                ④
```

という形で使うことにします。

さてこのエンジンのモデルでは、未知数は p、V、T の 3 つです。①式（または①' 式）と②式、③式または④式の 3 式が揃えば未知数と式の数が同じとなり現象計算が可能になります。なおここで注意しておきたいのは、4 つのゾーンで式の数をすべて同じにそろえることができる点です。

3.3　条件文

4 つのゾーンに分けているので、ϕ がどのゾーンにあるかをチェックすることで式を振り分けることができます。

```
equation
  V=V0*(1/Cr+(1-sin(phi-pi/2)/2);
  if zone1*pi/2<phi and phi<=zone2*pi/2 then
      der(T)=0;
      der(p)*V+p*der(V)=0;
    elseif zone2*pi/2<phi and phi<=zone3*pi/2 then
      der(p)*V+p*der(V)=n*R*der(T);
      Cv*(der(T)*V+T*der(V))=Q;
    elseif zone3*pi/2<phi and phi<=zone4*pi/2 then
      der(T)=0;
      der(p)*V+p*der(V)=0;
    else
      der(p)*V+p*der(V)=n*R*der(T);
      Cv*(der(T)*V+T*der(V))=-Q;
  end if;
```

Modelicaにはデバグ用の文字列出力などがあまり整備されていないため、計算が正しく行われているのか確認する方法があまり潤沢ではありません。Modelicaの公式作法ではありませんがこのような場合単純に条件文で式を振り分けるのではなく、条件に番号や名前をつけて取り扱うのが分かり易いと筆者は考えています。

```
equation
  if zone1*pi/2<phi and phi<=zone2*pi/2 then
    zone=1;
  elseif zone2*pi/2<phi and phi<=zone3*pi/2 then
    zone=2;
  elseif zone3*pi/2<phi and phi<=zone4*pi/2 then
    zone=3;
  else
    zone=4;
  end if;
  if zone==1 then
      der(T)=0;
      der(p)*V+p*der(V)=0;
  elseif zone==2 then
      der(p)*V+p*der(V)=n*R*der(T);
      Cv*(der(T)*V+T*der(V))=Q;
  elseif zone==3 then
      der(T)=0;
      der(p)*V+p*der(V)=0;
  else
      der(p)*V+p*der(V)=n*R*der(T);
      Cv*(der(T)*V+T*der(V))=-Q;
  end if;
```

第1部3.6.2で書いたように、if文の中の式は連立方程式が成立するよう揃っていなければなりません。したがって最低でも変数の数と式の数はそれぞれの条件の中で同じでなければなりません。ここではこれらが同じ数に揃っていることを確認しておいてください。

3.4 初期値設定と初期化、再初期化

変数であるp、V、Tは①式で決定されます。右辺のn、Rをパラメータとすると、p、V、Tのいずれか1つは他のパラメータや変数から算出されなければなりません。

ここではTを従属変数として初期化することとします。またVとpには初期値V0とp0を与えるものとします。

```
  Real p(start=p0);
  parameter Real p0=1;
  Real V;
  parameter Real V0=10;
  Real T;
  parameter Real Q=1e5;
initial equation
  T=p0*V0/(n*R);
```

次に「またゾーン1に入った瞬間に内部のガスは入れ替わりリセットされ初期温度、初期圧力になるものとします。」という部分について考えてみます。これはwhen-reinitを使用することができます。初期圧力はp0を与えることにしましたが、初期温度はどうやって与えたらよいでしょうか。Tの初期値はinitial equationの中で求めるようにしました.。

この式を用いて定義してやります。

```
algorithm
  when zone==1 then
    reinit(p,p0);
    reinit(T,p0*V0/(n*R));
  end when;
```

なお reinit は微分演算子 der を適用した変数のみに適用可能ですが、p および T にもすでに der をしているので、この適用方法で実現できます。

3.5 その他

エンジンが回転して、その軸の角度が増え続けるとゾーン判別が複雑になります。そこでzone判別をするphiはrem関数を使用して算出することにします。

```
parameter Real rPM=60;
Real omega=rPM/60*2*pi;
Real phi=rem(omega*time,2*pi);
```

3.6 完成したプログラム

上記をまとめてプログラムとして作成したものが次の model TwoCycle Engine です。

```
model TwoCycleEngine "Engine with Special pV Char."
  parameter Real n=1;
  Real p(start=p0);
  parameter Real p0=1;
  Real V;
  parameter Real V0=10;
  parameter Real Cr=10;
  parameter Real rPM=60;
  Real omega=rPM/60*2*pi;
  Real phi=rem(omega*time,2*pi);
  Real pi=Modelica.Constants.pi;
  Real T;
  parameter Real R=1;
  parameter Real zone1=0;
```

```
parameter Real zone2=1.999;
parameter Real zone3=2.001;
parameter Real zone4=3.99;
Integer zone(start=1, fixed=true);

parameter Real Cv=1;
parameter Real Q=1e5;
initial equation
  T=p0*V0/(n*R);
algorithm
  when zone==1 then
    reinit(p,p0);
    reinit(T,p0*V0/(n*R));
  end when;
equation
  if zone1*pi/2<phi and phi<=zone2*pi/2 then
      zone=1;
  elseif zone2*pi/2<phi and phi<=zone3*pi/2 then
      zone=2;
  elseif zone3*pi/2<phi and phi<=zone4*pi/2 then
      zone=3;
  else
      zone=4;
  end if;
V=V0*(1/Cr+(1-sin(phi-pi/2))/2);
if zone==1 then
  der(T)=0;
  der(p)*V+p*der(V)=0;
elseif zone==2 then
  der(p)*V+p*der(V)=n*R*der(T);
  Cv*(der(T)*V+T*der(V))=Q;
elseif zone==3 then
```

```
    der(T)=0;
    der(p)*V+p*der(V)=0;
  else
    der(p)*V+p*der(V)=n*R*der(T);
    Cv*(der(T)*V+T*der(V))=-Q;
  end if;
end TwoCycleEngine;
```

3.7　計算結果

このプログラムで実行した結果を示します。

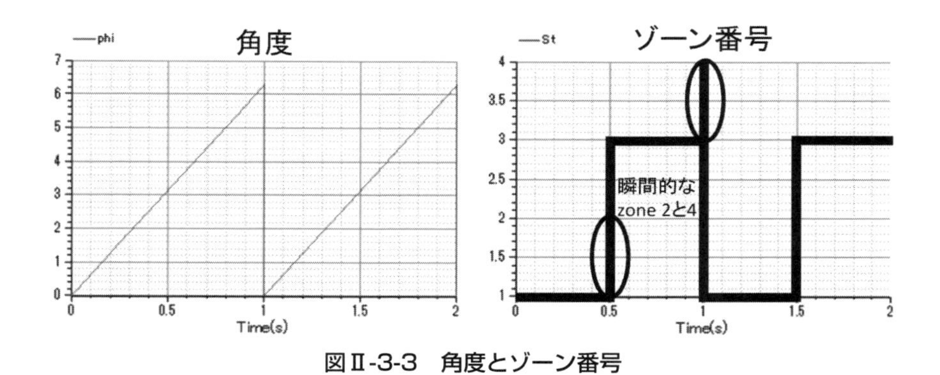

図Ⅱ-3-3　角度とゾーン番号

ゾーン２と４は極めて短い時間で起こるため、グラフではほとんど確認できません。

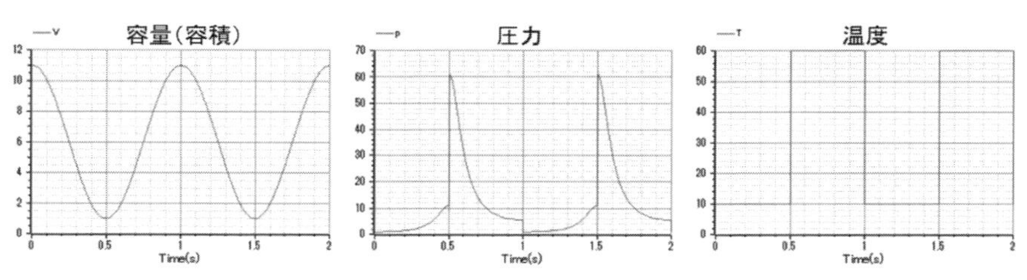

図Ⅱ-3-4　容積（容量）、圧力、温度

容量は11（最大値）から余弦波的に変化し、1を最小としています（②式の通り）。

圧力、温度ともに0.5sで急峻に上昇し1sのところで下降する。圧力の変化は容量が11倍異なるため1sのところでは0.5sのところでの変化よりも小さくなっていることが分かります。

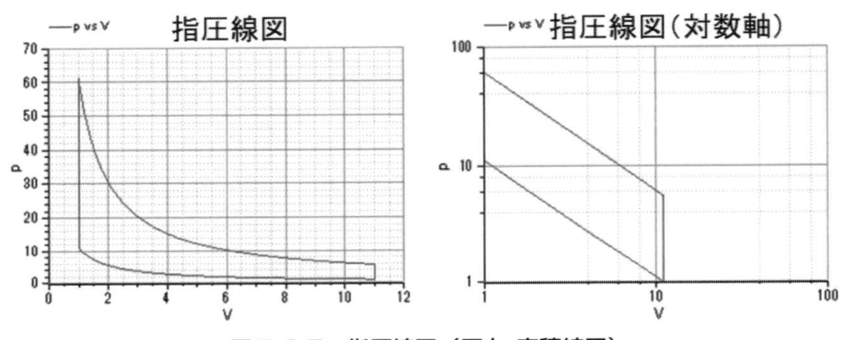

図Ⅱ-3-5　指圧線図（圧力-容積線図）

横軸を容量、縦軸を圧力とする。縦横両軸の対数を取ると指圧線図ゾーン1とゾーン3の区間では直線となり、p*V=n*R*Tの関係が維持されていることがわかります。

p*V=n*R*Tでは両辺の対数を取ると

　log(左辺)=log(p*V)=log(p)+log(V)

　log(右辺)=log(n)+log(R)+log(T)

となります。したがって

　log(p)=log(n)+log(R)+log(T)−log(V)

となり両対数グラフはマイナス1の傾きを持つ直線グラフになります。

3.8　最終的なプログラム

変数はすべてRealやIntegerとして取り扱ってきました。変数の持つ物理的な意味をより的確に伝えるため、物理量を用いた変数定義に変更して、ここで取り扱うプログラムの最終形とします。なおこのプログラムにはコメントを入れていません。できる限り多くのコメントを入れて、プログラムの保守をしやすくしてください。

```
model TwoCycleEngine
  import Modelica.SIunits.*;
    parameter Real n=1;
    Pressure p(start=p0) "Pressure in a Cylinder";
    parameter Pressure p0=1 "Iitial Pressure";
    Volume V "Volume of a Cylinder";
    parameter Volume V0=10 "Initial Volume";
    parameter Real Cr=10 "Compression Ratio";
    parameter Real rPM=60 "Rotationla Velocity in RPM";
    AngularVelocity  omega=rPM/60*2*pi  "Rotational
    Velocity";
    Angle phi =rem(omega*time,2*pi) "Angle from Bottom
    Dead Angle";
    Real pi=Modelica.Constants.pi;
    Temperature T "Temperature in a Cylinder";
    Real s=sin(phi-ppi/2);
    parameter SpecificHeatCapacity Cv=1;
    parameter Power Q=1e5 "Gerateed/Absorbed Heat per
    unit time";
    parameter Real R=1 "Gas Constant";
    parameter Real zone1=0;
    parameter Real zone2=1.999;
    parameter Real zone3=2.001;
    parameter Real zone4=3.99;
    Integer zone(start=1, fixed=true);
    initial equation
      T=p0*V0/(n*R);
    algorithm
      when zone==1 then
        reinit(p,p0);
```

```
      reinit(T,p0*V0/(n*R));
    end when;
  equation
    if zone1*pi/2<phi and phi<=zone2*pi/2 then
        zone=1;
    elseif zone2*pi/2<phi and phi<=zone3*pi/2 then
        zone=2;
    elseif zone3*pi/2<phi and phi<=zone4*pi/2 then
        zone=3;
    else
        zone=4;
    end if;
  V=V0*(1/Cr+(1-sin(phi-pi/2))/2);
  if zone==1 then
    der(T)=0;
    der(p)*V+p*der(V)=0;
  elseif zone==2 then
    der(p)*V+p*der(V)=n*R*der(T);
    Cv*(der(T)*V+T*der(V))=Q;
  elseif zone==3 then
    der(T)=0;
    der(p)*V+p*der(V)=0;
  else
    der(p)*V+p*der(V)=n*R*der(T);
    Cv*(der(T)*V+T*der(V))=-Q;
  end if;
end TwoCycleEngine;
```

第 3 部
関連知識編

第１章
非因果モデル

非因果的モデルについてはすでに一度簡単な説明をしました。ここではもう少し詳しく見ていきます。前に述べた非因果の説明では『入力⇒出力の関係が決まらない場合を「非因果（acausal)」と呼びます。』としました。このような場合にも変数を組合せた関係式を作って解く訳ですが、すでにモデリングを考えて来た人々の間で次の２つの変数を用いた考え方が導入されています。

1.1　スルー変数とアクロス変数

スルー変数とアクロス変数。すでに何度もつかってきた言葉です。Modelica の初期段階では変数は２つに分けられました。モデリング手法の一つであるボンドグラフ法でも同様な分類がされています。

表Ⅲ-1　スルー変数とアクロス変数

変数の種類		Modelica での呼称	特徴
through	スルー	flow	接続される部品間での値の合計がゼロになる
across	アクロス	nonflow または potential	接続される部品間で同じ値を取る

一般的にスルー変数とアクロス変数という表現をしていますが、Modelica ではスルー変数をフロー変数（flow variable）と呼び、変数の前に flow というキーワードを付けます。アクロス変数は非フロー変数（nonflow variable）またはポテンシャル変数（potential variable）と呼びます。プログラムの中ではアクロス変数を示すキーワードはなく、明示的に示すことはありません。

■1.1.1 電気回路における例

読者の多くの方は、キルヒホッフの電流則（または第一法則）を（少なくとも名前だけは）覚えていることと思います。この法則は、任意の節点（接続点）においてその節点へ流れ込む電流の総和はゼロになる（Σ Ii = 0）ことを示しています。この考え方をそのまま適用することができ、電気回路においてはスルー変数が電流になります。一方で節点において同じ値を取るのは「電位」（一般的には電圧と表現されることもある）となります。こちらをアクロス変数とします。

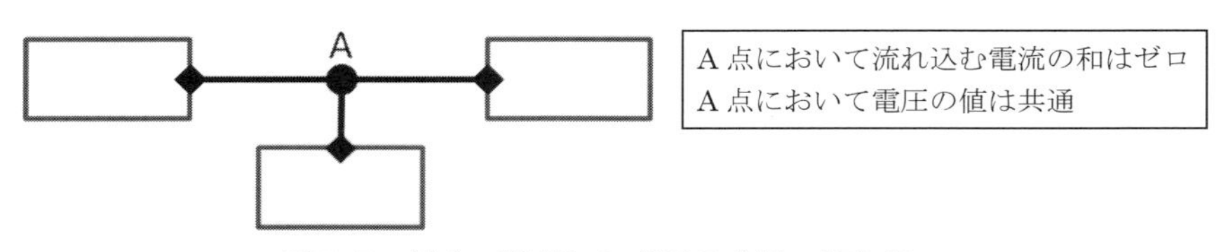

図Ⅲ-1　結合（接続）における変数の取り扱い

■1.1.2 各物理分野

各物理分野におけるスルー変数とアクロス変数の関係をまとめてみると次のようになります。

表Ⅲ-2　VHDL-AMS における変数とドメイン
（加藤（GS ユアサ Technical Report 2014 年 6 月）をベースに再編集）

energy domain	across quantity		through quantity	
electrical	voltage	[V]	current	[A]
magnetic	MMF	[AT]	magnetic flux	[Wb]
translational	displacement	[m]	force	[N]
translational_v	velocity	[m/s]	force	[N]
rotational	angle	[rad]	torque	[Nm]
rotational_v	angular frequency	[rad/s]	torque	[Nm]
fluidic	pressure	[Pa]	flow rate	[m3/s]
thermal	temperature	[K]	heat flux	[J/s]

一方でMSLでは次の変数の組合せになっています。

表Ⅲ-3　MSLにおける変数とドメイン

energy domain	across quantity		through quantity	
electrical	voltage	[V]	current	[A]
magnetic	ComplexMagnetic PotentialDifference	[A]	ComplexMagnetic Flux	[Wb]
translational	displacement	[m]	force	[N]
rotational	angle	[rad]	torque	[Nm]
thermal	temperature	[K]	heat flux	[J/s]
flow	Medium.MassFlow Rate	[kg/s]	Medium.Absolute Pressure	[Pa]
	stream*3			

＊3　Modelicaでは物質の流れを扱うドメインにおいて、従来のflow変数nonflow（potential）変数に加えてstream変数という概念を加えています。これは2つの流れが合流した場合に成り立つ式が、逆流して上流下流が入れ替わった場合に、合流の逆の現象を表現できないためにModelica3.1（2009年5月）から追加された概念です。

VHDL-AMSでは機械系の並進運動（translational）、回転運動（rotational）について、アクロス変数を変位、角変位と速度、角速度の2つ備えているのに対して、MSLでは機械系並進で変位、機械系回転では角変位をアクロス変数に選んでいることに注意が必要です。

1.2　因果と非因果、algorithm と equation

今までプログラムを書いたことがある人の中のほぼ100%の人は、一般的なプログラム言語ではプログラムは代入文の形式で表現することを理解されていると思います。Modelicaでは代入文を扱うalgorithmも方程式の表現を持つequationのどちらも使用することができます。algorithmは入力から出力を決める形なので基本的に因果性を表します。一方でequationを使用すると入力と出力の関係が消え、系全体として連立式を解くことで共通解を得ることができます。

異なる見方があるかもしれませんが、equationこそが非因果的なモデリングの根拠になっている部分だと筆者は考えています。

■ 1.2.1　因果的な物理モデル化

電気系のモデルでは V=R・I の式をもとにして、抵抗値 R をパラメータとして電圧 V を与えて電流 I を求める方法

$I \leftarrow V/R$

または I を与えて V を求める方法

$V \leftarrow R \cdot I$

の二つの方法があります。

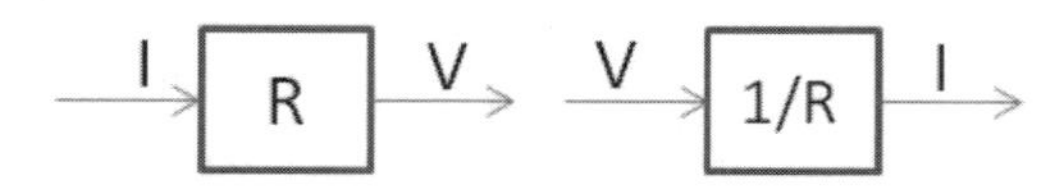

図Ⅲ-2　因果モデルでの電流・電圧の変換方法

この 2 つの考え方は因果性に基づく計算です。因果性に基づく計算をした場合、この 2 つの考え方が必要になります。

2 つの抵抗 R1、R2 を直列に接続した場合 I は共通なので、直列の抵抗は単純な足し算で求められるので、合成抵抗 R1 + R2 から

$V = (R1 + R2) \times I$

として V を求めることができます。入力変数 I から出力変数 V が求められたわけです。一方で抵抗を並列に接続した場合には V が共通となるので I を 2 つに分けないと式を考えることができません。共通の V を用いて

$I = I1 + I2 = V/R1 + V/R2 = V \times (1/R1 + 1/R2)$

となります。V が入力信号でコンダクタンスの和から出力信号 I を求めた形になります。

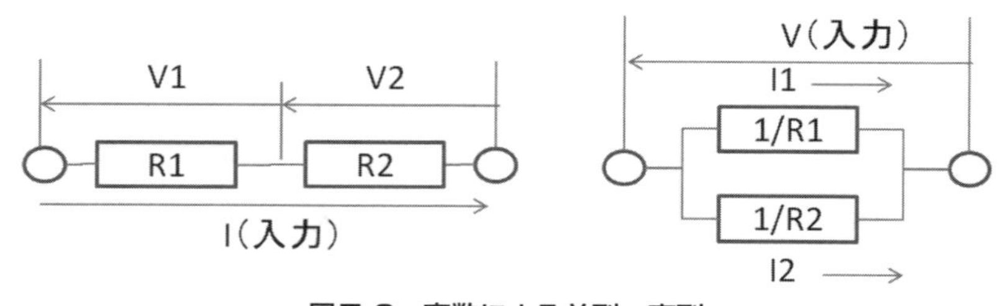

図Ⅲ-3　変数による並列・直列

この方式では任意の回路を作成していく上で「並列ではアクロス変数を共通にする」「直列ではスルー変数を共通にする」といった使い分けが必要となり極めて不便です。

■ 1.2.2　因果を非因果的に接続する

そこで因果的なモデルを非因果的に結ぶための接続方法が考案されています。この方式では２種類のコネクタを用意します。例えば「電圧を出力し、電流を入力する」コネクタＡと「電流を出力し、基準電圧を入力する」コネクタＢを用意します。

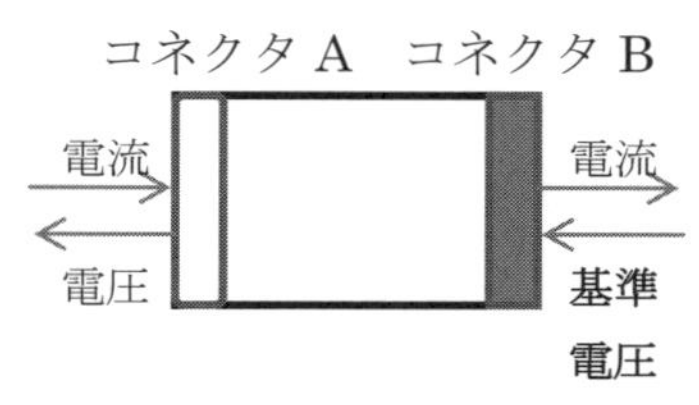

図Ⅲ-4　２種類の標準コネクタ

グラフィカルな接続上は１本の線で接続しているようにすると、見かけ上は非因果接続ができているように見えます。

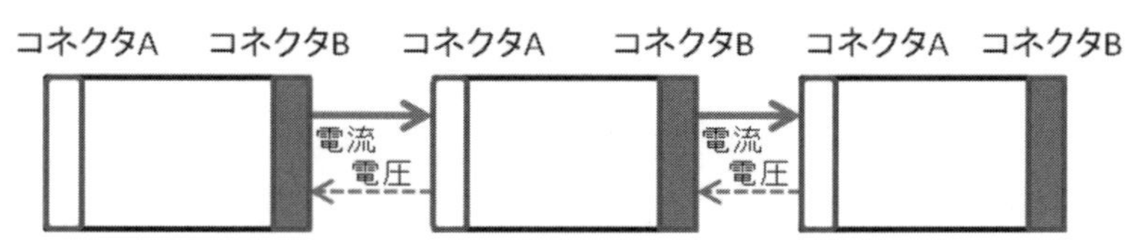

図Ⅲ-5　２種類の標準コネクタを用いた直列接続

しかし実際にはコネクタの種類を２種類持つことが必要になります。この結果として部品は１方向にしかつながらなくなり、方向を逆にするためには新たな変換要素が必要となります。

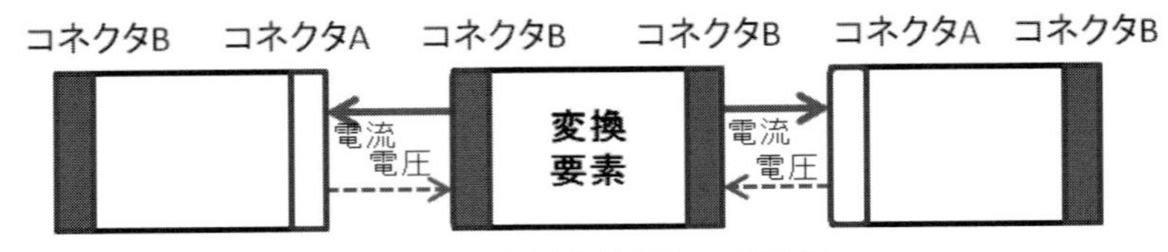

図Ⅲ-6　接続変換要素の必要性

またこの方式では、2つの接続だけなのでまだそれほど困難を伴いませんが、3つ以上の接続を一か所で行おうとすると、さらに別の変換要素を導入するなど一層複雑になります。

■ 1.2.3　非因果による解決

これを解決するのが非因果による接続です。非因果では

スルー変数の和をゼロにする、

アクロス変数は等しい

を前提とします。接続により新たに生まれる等式と、各要素での物理現象表現式を連立させ方程式を立てることにより計算が実行できます。

ただし非因果接続を実現するためには連立方程式を解く、という新たな技法の導入が必要になりました。新たに求められるようになったこの技法は1990年代になり、連立方程式を自動で解く技術が発展したことで解決され、非因果による計算が可能になったわけです。

MSLで定義されているコネクタは塗りつぶしされているコネクタと白抜きのコネクタに分けられますが、ほとんどのコネクタは色（クラスに定義されているグラフィック情報）が異なっているだけでコネクタ自身の物理式的な違いはありません。具体的には第1部5.2.3のFlange_aおよびFlange_bの内容が同じであることを示します。

■ 1.2.4　非因果の弱点

前の項も含めすでに何回も述べているように非因果によるモデルの計算は連立方程式を解くことで実現されます。したがって大規模な計算をすると、大規模な連立方程式を解く必要が生じてしまいます。一方で因果で解く場合には各構成要素がそれぞれ単独できちんと計算できることが求められるだけです。

このように連立方程式を解くことが必要なため非因果では並列計算を行うこ

とがあまり得意ではありません。この弱点を解消するための研究として変数の依存関係を解析する、という研究が行われています。2016 年の OpenModelica Workshop では動的なバランスをとるなどの研究も発表されています。

第2章
Modelicaの計算手順

Modelicaで作成されたモデルはどのように計算されるのでしょうか。図に示すようにモデル（Modelicaソースコード）から実行形態へと変換されていきます（図Ⅲ-7、P.Fritzsonによる資料を加筆修正）。これらの一連の処理は自動で行われるため、ユーザ側はほとんど意識する必要はありません。

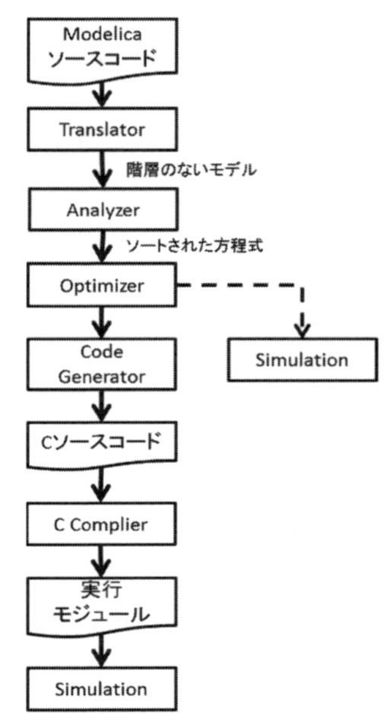

図Ⅲ-7　Modelicaの処理

多くのツールでは、そのモデルを表す連立方程式を解くために手順化されたCプログラムを書き出しコンパイルし、さらに時間積分するためのソルバーライブラリとリンクを行い実行モジュールを作成します。そして過渡計算をすることができるようにします。この場合通常別ファイルでパラメータは取り扱われ、パラメータ変更だけの場合再コンパイルなしで実行できます。また一部のツールではコンパイル、リンクをすることなくインタープリタで実行するものもあります。

ここでバネと質点（スプリング-マス）の簡単なモデルを考えてみます。このモデルでどのようにモデルが計算されていくのかを考えてみましょう。

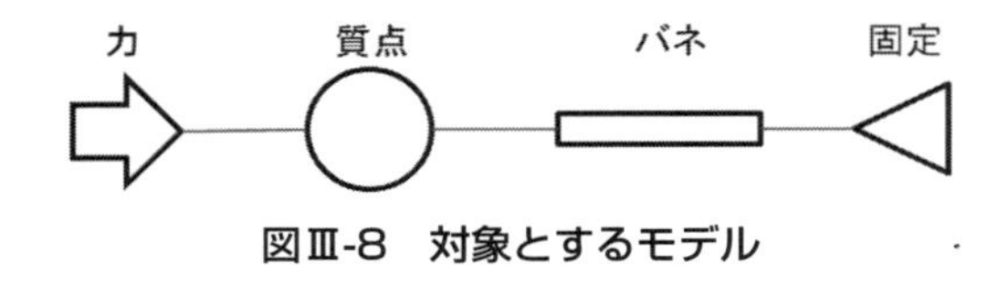

図Ⅲ-8　対象とするモデル

2.1　ソースコード、Modelica の式

図Ⅲ-8 のモデルを MSL を用いてモデル化してみましょう。5 つの要素（モデルとブロック）を用いて図Ⅲ-9 のようにモデル化できます。ソースコードと、GUI 付きツールでのダイアグラム表示を示します。

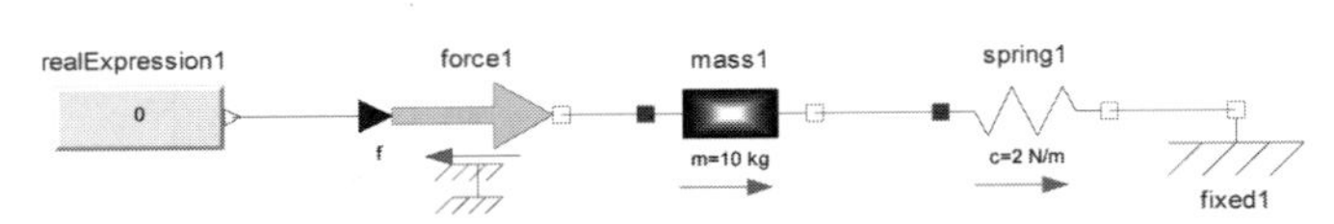

図Ⅲ-9　MSL による質点-バネのモデル化

```
model MassSpring
  Modelica.Mechanics.Translational.Components.Mass
  mass1(m=10);
  Modelica.Mechanics.Translational.Components.Spring
  spring1(c=2);
  Modelica.Mechanics.Translational.Components.Fixed
  fixed1;
  Modelica.Mechanics.Translational.Sources.Force
  force1;
  Modelica.Blocks.Sources.RealExpression realExpression1
  (y=time);
equation
  connect(spring1.flange_b,fixed1.flange);
  connect(spring1.flange_a,mass1.flange_b);
  connect(mass1.flange_a,force1.flange);
  connect(realExpression1.y,force1.f);
end MassSpring;
```

（表示部分の annotation は省略）

2.2 階層のないモデル

Modelica ソースコードレベルでは、

- 変数は階層化された中で記述されている
- extends でベースクラスを参照しているため非明示的である
- connect 文で設定されている等価関係がコネクタの中に隠れている

などがあるため、このままでは計算機としては処理がしにくい状態です。計算機処理するため、どのような処理がなされるのかを順に見て行きましょう。

■ 2.2.1 Mass について

MSL の Mass の定義を見てみましょう。

```
model Mass "Sliding mass with inertia"
  parameter SI.Mass m(min=0, start=1);
  parameter StateSelect stateSelect=StateSelect.default
    "Priority to use s and v as states" annotation(Dialog
    (tab="Advanced"));
  extends Translational.Interfaces.PartialRigid
  (L=0,s(start=0, stateSelect=stateSelect));
  SI.Velocity v(start=0, stateSelect=stateSelect)
    "Absolute velocity of component";
  SI.Acceleration a(start=0) "Absolute acceleration of
  component";
equation
  v = der(s);
  a = der(v);
  m*a = flange_a.f + flange_b.f;
end Mass;
```

Mass は Translational.Interfaces.PartialRigid を拡張しているので、ベースクラスを見ておきましょう。

```
partial model PartialRigid
  "Rigid connection of two translational 1D flanges"
  SI.Position s ;
  parameter SI.Length L(start=0);
  Flange_a  flange_a  "Left  flange  of  translational
  component";
  Flange_b  flange_b  "Right  flange  of  translational
  component";
equation
  flange_a.s = s - L/2;
  flange_b.s = s + L/2;
end PartialRigid;
```

PartialRigidの中ではFlange_aとFlange_bも使用しています。中身を見ておきましょう。

```
connector Flange_a
  SI.Position s "Absolute position of flange";
  flow SI.Force f "Cut force directed into flange";
end Flange_a;
```

```
connector Flange_b
  SI.Position s "Absolute position of flange";
  flow SI.Force f "Cut force directed into flange";
end Flange_b;
```

これらからMassは実質的に次の内容になっていることが分かります。

```
model Mass "Sliding mass with inertia"
  parameter SI.Mass m(min=0, start=1);
  parameter  StateSelect  stateSelect=StateSelect.
```

```
  default;
  SI.Position s ;
  SI.Velocity v(start=0, stateSelect=stateSelect);
  SI.Acceleration a(start=0);
  parameter SI.Length L=0;
  Flange_a flange_a;
  Flange_b flange_b;
equation
  v = der(s);
  a = der(v);
  m*a = flange_a.f + flange_b.f;
  flange_a.s = s - L/2;
  flange_b.s = s + L/2;
end Mass;
```

■ 2.2.2 Spring について

同様に Spring についても見てみます。

```
model Spring "Linear 1D translational spring"
  extends Translational.Interfaces.PartialCompliant;
  parameter  SI.TranslationalSpringConstant  c(final
  min=0, start = 1)
    "Spring constant";
  parameter  SI.Distance  s_rel0=0  "Unstretched  spring
  length";
equation
  f = c*(s_rel - s_rel0);
end Spring;
```

こちらも PartialCompliant を拡張しています。ベースクラスを見ておきます。

```
partial model PartialCompliant
  Flange_a flange_a "Left flange of compliant 1-dim.
  translational component";
  Flange_b flange_b "Right flange of compliant 1-dim.
  translational component";
  SI.Position s_rel(start=0) "Relative distance (=
  flange_b.s - flange_a.s)";
  SI.Force f "Force between flanges (positive in
  direction of flange axis R)";
equation
  s_rel = flange_b.s - flange_a.s;
  flange_b.f = f;
  flange_a.f = -f;
end PartialCompliant;
```

これらから Spring は概ね次のようになります。

```
model Spring "Linear 1D translational spring"
  parameter SI.TranslationalSpringConstant c(final
  min=0, start = 1);
  parameter SI.Distance s_rel0=0 "Unstretched spring
  length";
  Flange_a flange_a;
  Flange_b flange_b;
  SI.Position s_rel(start=0);
  SI.Force f "Force between flanges (positive in
  direction of flange axis R)";
equation
  f = c*(s_rel - s_rel0);
  s_rel = flange_b.s - flange_a.s;
  flange_b.f = f;
```

```
  flange_a.f = -f;
end Spring;
```

■ 2.2.3　Fixed に関して

Fixed は非常に簡単で次のように記述されています。

```
model Fixed "Fixed flange"
  parameter SI.Position s0=0 "Fixed offset position of
  housing";
  Interfaces.Flange_b flange;
equation
  flange.s = s0;
end Fixed;
```

■ 2.2.4　Force について

Force も Fixed より複雑な構造になっています。equation の中で使用されている変数が Fixed では変位 s ですが、Force では f です。符号が反転している点が注意すべき点です。

```
model Force   "External force acting on a drive train
element as input signal"
  extends
Modelica.Mechanics.Translational.Interfaces.PartialEle
mentaryOneFlangeAndSupport2;
  Modelica.Blocks.Interfaces.RealInput f(unit="N");
equation
  flange.f = -f;
end Force;
```

PartialElementaryOneFlangeAndSupport2 を拡張しています。

```
partial model PartialElementaryOneFlangeAndSupport2
  parameter Boolean useSupport=false:
  Modelica.SIunits.Length s;
protected
  Modelica.SIunits.Length s_support;
equation
  s = flange.s - s_support;
  if not useSupport then
    s_support = 0;
  end if;
end PartialElementaryOneFlangeAndSupport2;
```

PartialElementaryOneFlangeAndSupport2はサポート（支持）接合を使うか使わないかの選択があり、やや複雑な構造になっていますが、このモデルではデフォルトのfalse（支持を使わない）を用いているため実質的に次のようになります。

```
model Force    "External force acting on a drive train
element as input signal"
  Modelica.Blocks.Interfaces.RealInput f(unit="N");
  parameter Boolean useSupport=false:
  Modelica.SIunits.Length s;
protected
  Modelica.SIunits.Length s_support;
equation
  flange.f = -f;
  s = flange.s - s_support;
  if not useSupport then
    s_support = 0;
  end if;
end Force;
```

■ 2.2.5 RealExpression

RealExpression は次の内容です。

```
block RealExpression
  Modelica.Blocks.Interfaces.RealOutput y=0.0 "Value of
  Real output";
end RealExpression;
```

■ 2.2.6 式と変数

これらの内容を総合すると式およびそこで用いられる変数（未知数、パラメータ）は表Ⅲ-4のようになります。未知数、パラメータの数とモデルに含まれる式の数が同じとなるので、このモデルは解くことができることが分かります。使用するツール（処理系）によって、モデルチェックをかけると式の数と変数の数を表示するツールがあります。メッセージの意味はこの式や変数の数を示しています。ただし実質的に同じ値を取る変数とそれを表す式（例えば spring1.flange_b.f=spring1.f）やパラメータ（例えば mass1.m=10）は変数の数や式の数に含まれない場合がほとんどです。

表Ⅲ-4　モデルに含まれる式と変数

式（合計 22 式）	未知数とパラメータ（合計 22 変数）

mass1.m=10;
mass1.v=der(mass1.s);
mass1.a=der(mass1.v);
mass1.m*mass1.a
=mass1.flange_a.f+mass1.flange_b.f;
mass1.flange_a.s=mass1.s;
mass1.flange_b.s=mass1.s;
	mass1.m
	mass1.v
	mass1.s
	mass1.a
	mass1.flange_a.f
	mass1.flange_b.f
	mass1.flange_a.s
	mass1.flange_b.s

spring1.c=10;
spring1.f=spring1.c*spring1.rel;
spring1.s_rel
=spring1. flange_b.s –spring1. flange_a.s;
spring1.flange_b.f=spring1.f;
spring1.flange_a.f=–spring1.f;
	spring1.c
	spring1.f
	spring1.rel
	spring1.flange_b.f
	spring1.flange_a.f

fixed1.flange.s=0;	fixed1.flange.s
force1.flange.f=–force1.f; force1.s=force1.flange.s;	force1.flange.f force1.f force1.s force1.flange.s
realExpression1.y=time;	

spring1.flange_b.s=fixed1.flange.s;
spring1.flange_b.f+fixed1.flange.f=0;
spring1.flange_a.s=mass1.flange_b.s;
spring1.flange_a.f+mass1.flange_b.f=0;
mass1.flange_a.s=force1.flange.s;
mass1.flange_a.f+force1.flange.f=0;
realExpression1.y=force1.f;
	spring1.flange_b.s
	spring1.flange_a.s
	
	realExpression1.y
	force1.f

2.3　フラット化

フラット化とは図Ⅲ-4の右の列の変数を個別の変数に置き換えることを指します。変数名の置き換えのルールはツールによって異なりますが、最も簡単なのは「.」（ドット）を _（アンダースコア）に置き換えることです。

表Ⅲ-5 フラット化された変数

もとの変数名	置き換えられた変数名
mass1.m	mass1_m
mass1.v	mass1_v
mass1.s	mass1_s
mass1.a	mass1_a
mass1.flange_a.f	mass1_flange_a_f
mass1.flange_b.f	mass2_flange_a_f
mass1.flange_a.s	mass1_flange_a_s
mass1.flange_b.s	mass2_flange_a_s
spring1.c	spring1_c
spring1.f	spring1_f
spring1.rel	spring1_rel
spring1.flange_b.f	spring1_flange_b_f
spring1.flange_a.f	spring1_flange_a_f
fixed1.flange.s	fixed1_flange_s
force1.flange.f	force1_flange_f
force1.f	force1_f
force1.s	force1_s
force1.flange.s	force1_flange_s
spring1.flange_b.s	spring1_flange_b_s
spring1.flange_a.s	spring1_flange_a_s
realExpression1.y	realExpression1_y
force1.f	force1_f

このように変数名を置き換えることで、階層のないフラットな変数として取り扱うことができるようになります。

2.4 方程式のソート

次に変数毎に区分して式を整理していきます。

表Ⅲ-6　方程式のソート

<table>
<tr><th>元の式</th><th>式の区分</th></tr>
<tr><td rowspan="16">mass1_m=10;
mass1_v=der(mass1_s);
mass1_a=der(mass1_v);
mass1_m*mass1_a
=mass1_flange_a_f+mass1_flange_b_f;
mass1_flange_a_s=mass1_s;
mass1_flange_b_s=mass1_s;

spring1_c=10;
spring1_f=spring1_c*spring1_rel;
spring1_s_rel
=spring1_flange_b_s –spring1_flange_a_s;
spring1_flange_b_f=spring1_f;
spring1_flange_a_f=–spring1_f;

fixed1_flange_s=0;

force1_flange_f=–force1_f;
force1_s=force1_flange_s;

realExpression1_y=time;

spring1_flange_b_s=fixed1.flange_s;
spring1_flange_b_f+fixed1_flange_f=0;
spring1_flange_a_s=mass1_flange_b_s;
spring1_flange_a.f+mass1.flange_b_f=0;
mass1_flange_a_s=force1_flange_s;
mass1_flange_a_f+force1_flange_f=0;
realExpression1_y=force1_f;</td><td>直接値が判る変数</td></tr>
<tr><td>mass1_m=10; ※パラメータ
spring1_c=10; ※パラメータ
fixed1_flange_s=0;
realExpression1_y=time;</td></tr>
<tr><td>値が判る変数から 2 次的に算出される変数と使用する式</td></tr>
<tr><td>spring1_flange_b_s
=fixed1_flange_s;
realExpression1_y=force1_f;</td></tr>
<tr><td>3 次的に算出される変数と使用する式</td></tr>
<tr><td>force1_flange_f=–force1_f;</td></tr>
<tr><td>4 次的に算出される変数と使用する式</td></tr>
<tr><td>mass1_flange_a_f+force1_flange_f=0;</td></tr>
<tr><td>残った関係式（同じ値を持つ変数）</td></tr>
<tr><td>force1_s=force1.flange_s;
mass1_flange_a_s=force1.flange_s;
mass1_flange_a_s=mass1_s;
mass1_flange_b_s=mass1_s;
spring1_flange_a_s=mass1.flange_b_s;
spring1_s_rel=–spring1_flange_a_s;
spring1_flange_b_f=spring1_f;
spring1_flange_a_f=–spring1_f;</td></tr>
<tr><td>残った関係式（符号の反転）</td></tr>
<tr><td>spring1_flange_b_f+fixed1_flange_f=0;
spring1_flange_a_f+mass1_flange_b_f=0;</td></tr>
<tr><td>残った関係式（時間微分）</td></tr>
<tr><td>mass1_v=der(mass1_s);
mass1_a=der(mass1_v);</td></tr>
<tr><td>残った関係式（複数変数の関係）</td></tr>
<tr><td>mass1_m*mass1_a
=mass1_flange_a_f+mass1_flange_b_f;
spring1_f=spring1_c*spring1_rel;</td></tr>
</table>

変数に既知数が直接代入されるもの、既知変数から間接的に算出される変数、そして変数として異なるが常に同じ値を持つ変数、常に符号が異なるが同じ絶対値を持つ変数に分けます。この際に、計算上独立で計算するか、他の値から算出するかを処理系が決定します。処理系に任せずに独立で計算させたい変数がある場合には、変数のStateSelect属性により、独立変数として計算するように指示することもできます。

実際には変数同士の関係式を行列的に解くように並べ替えを行います。今回の例では、条件文を用いたモデルがありませんが、条件文がある場合には、条件に合わせた連立式が複数組作成されることになります。

2.5 最適化、Cコード生成、実行モジュール化

作成された連立方程式は、解く順序が処理系により吟味され、計算が高速になるように並べ替えを行うなどの処理がなされます。ただし計算の途中で条件文が切り替わり連立式が変わる場合には、この最適化処理だけでは計算時間を短縮することができないので、元のクラスに含まれるモデル式が重要になってきます。

本章の最初の部分で述べたように、ツールの持つ処理系によっては、並べ替えを行った式を逐次処理していくこと（インタープリタ処理）も可能です。多くのツールではインタープリタ処理機能を持っておらず、計算を高速化するために並べ替えを行った式を時間的な積分を行うソルバーと組合せてCコードに書き出します。Cコードになったモデルはコンパイル、リンクされ実行モジュールになります。このためCコードをコンパイルリンクするためにコンパイラが必要になってきます。コンパイラとしてはWindowsの場合、gccやMicrosoft社のVisual Studio、Visual Studio Expressなどが用いられています。

ソルバーにはODE（Ordinary Differential Equation、常微分方程式）ソルバーとDAE（Differential Algebraic Equations、微分代数方程式）ソルバーがあります。

ODEソルバーではCVODE、DAEソルバーとしてはDASSLが多く使われていますがツール処理系毎に安定で高速な処理ができるようにソルバーの改良を行われています。

付録
OMEdit を使ってみよう

OpenModelica/OMEdit を使ってみよう

OpenModelica はいくつかのモジュールから構成されます。ここでは初めて Modelica ツールを使う方が取組みやすい、グラフィカルユーザインターフェースを備えた OpenModelica Connection Editor（OMEdit）の使い方を説明します。

重要な注意点

OpenModelica が取り扱えるファイルは、原則英数字のファイルになります。フォルダ名も英数字です。日本語ファイル名は使用できません。_（アンダースコア）や -（ハイフン）のような使用可能な記号もありますが、保存エラーでせっかく作成したファイルが保存されない場合がありますので、英数字を使ったファイル名で保存するようにして下さい。保存方法は 1.5 や 3.3 を参照して下さい。

1. グラフィカルなモデリングを試してみよう

OMEdit を起動すると図 A-1 の初期画面になります。

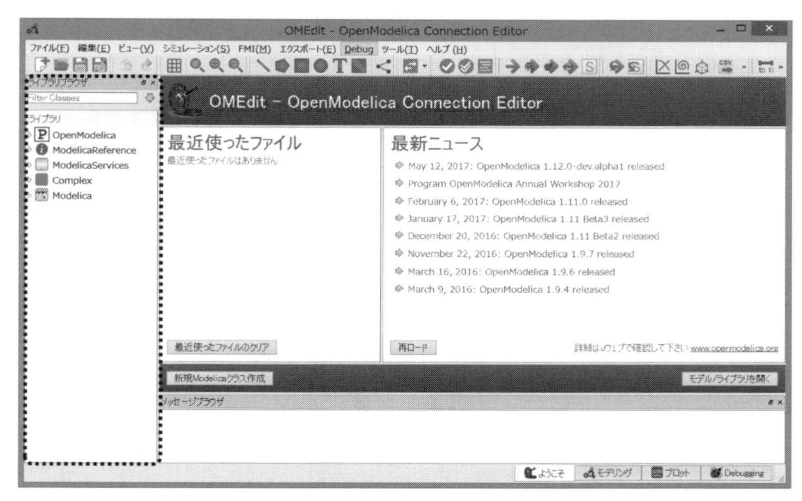

図 A-1　OMEdit 初期画面

画面は大きく 3 つに分かれ左側には「ライブラリブラウザ」が表示されます。登録されているライブラリとその要素（クラス）はこのように「ライブラリブラウザ」にツリー形式で表示されます。この中で最も代表的なライブラリは「Modelica」と呼ばれる部分で一般的に「Modelica Standard Library」(MSL) と呼ばれるものです。Modelica 協会が規定しているもので、ライブラリとしての「Modelica」は MSL を指します。

右下のタブを「モデリング」に切り替えてみます。図 A-2 のようにライブラリブラウザとブランクの画面が表示されます。

図 A-2　モデリング画面

1.1　新規クラスの定義

ではこれからバネの片側を固定し、もう一端に質量（マス）を置き、質量要素が振動する様子を再現するモデルを作ってみましょう（完成したモデルは図 A-6 のようになります）。左上のアイコン「Modelica クラスの新規作成」またはメニュー「ファイル（F）」⇒「Modelica クラス新規作成」を選びます。図 A-3 の入力ウィンドウが開きます。

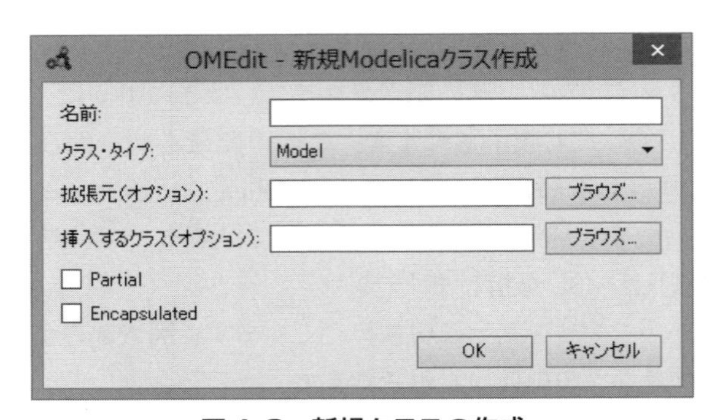

図 A-3　新規クラスの作成

図 A-3 画面の「名前」の欄に次の文字列を入力して下さい。

MyFirstModel

注意：Modelica で使用できる文字は英数字および '_'（アンダースコア）のみです。また最初の一文字は英字でなければなりません。大文字小文字は区別されます。

他の欄は空欄のまま「OK」を押してください。

画面右側に白いグラフィカルビューが表示されます（図 A-4）。

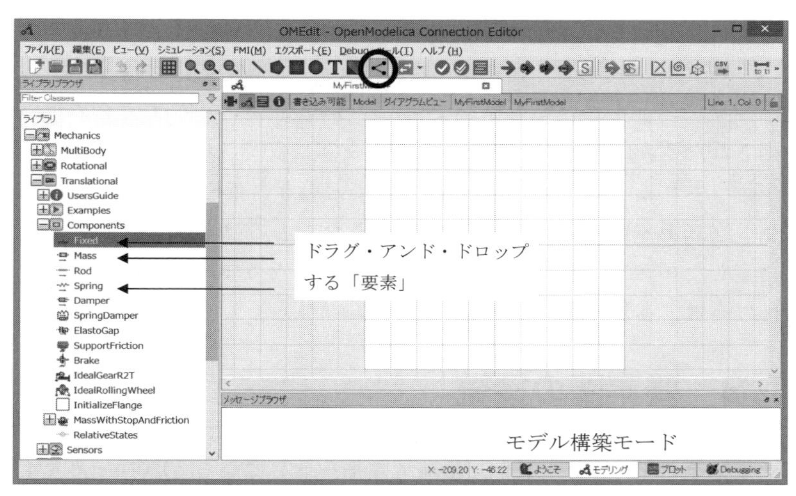

図 A-4　Modeica.Mechanics.Translational を開いた状態

1.2　必要要素の配置

次に左側の「ライブラリブラウザ」で Modelica ⇒ Mechanics ⇒ Translational ⇒ Components とツリーを開きます。Components の中から Fixed、Mass、Spring を順に一つずつ選びドラグ・アンド・ドロップで図 A-5 のように並べます。この操作でクラスはオブジェクトとして画面で取り扱われるようになります。

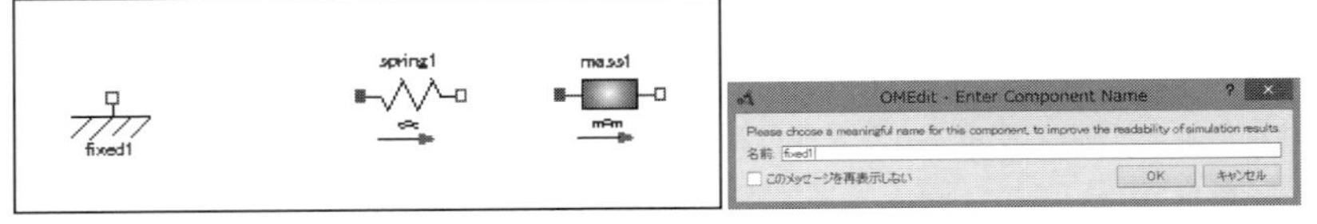

図 A-5　要素の配置と確認メッセージ（右）

ライブラリブラウザから取り出された要素はそれぞれ「fixed1」「mass1」「spring1」という名前をつけることを OpenModelica が確認してきます（図 A-5 右）。すべて OK で返してください。慣れてきたら Modelica の規約に基づいて、認識しやすい名前をつけても構いません。OpenModelica ではライブラリから取り出された要素は自動的に先頭文字が小文字に変換され、末尾に 1 から順に番号が付与されます。ここまでは単純に要素という言葉を使っていますが、「ライブラリ」にある時は「クラス」、取り出されたものは「オブジェクト」つまり「指定したクラスの形式で宣言された実体」になります。オブジェクトの名前の付け方は、本書の規約と同じになっています。

1.3　要素間の接続

モデル構築のモードが「接続 / 接続解除モード」になっている（図 A-4 上部中央の○の部分がハイライト（凹の状態）になっている）ことを確認し、各オブジェクトのコネクタ（これらの要素の場合には、正式には flange と呼ばれるコネクタ）を結びます。カーソルを片側の□（または■）に近づけマウスクリックすると接続が開始され、他の■（または□）に近づけマウスクリックすると 1 つの接続が完成です。OpenModelica ではこの接続動作の反応にやや時間がかかる場合がありますので注意して操作して下さい。完成したモデルの接続図を図 A-6 に示します。

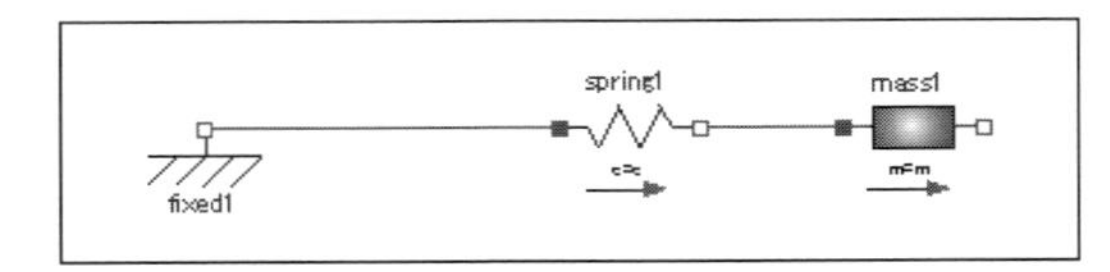

図 A-6　作成するモデル

1.4 特性設定

spring1とmass1のパラメータを設定します。パラメータの設定は各オブジェクトをダブルクリックして「パラメータ入力ウィンドウ」を開いて行います。実際にやってみましょう。spring1をダブルクリックしてパラメータcに10、s_rel0に0.1を設定（図A-7左）、OKで閉じます。次にmass1をダブルクリック、パラメータmに0.1を設定し（図A-7右）OKで閉じます。パラメータにはどのような値を入れても構いませんが、バネ定数cや質量mには正の数を入れて下さい。またs_rel0へは0以外の実数を設定して下さい。この値は初期値となり、バネの伸びを示します。s_rel0の値が0では初期値がないため運動しません。

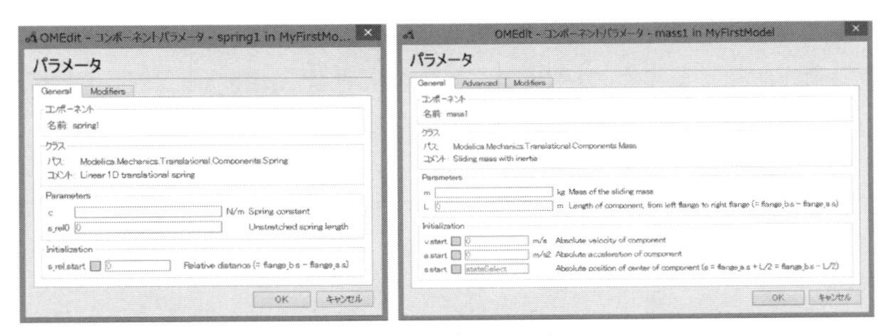

図A-7 パラメータ

1.5 保存と実行

左上の「保存」アイコンまたはファイル⇒保存で任意のフォルダに保存します。

注意：フォルダ名も英数字ルールが守られていることを確認して下さい

メニュー「シミュレーション⇒シミュレート（Ctrl+B）」で解析を実行します。

（「シミュレーション出力」ウィンドウが立ち上がります（図A-8）。このウィンドウはシミュレーションを実施するたびに新規に開きます。計算終了後に内容を読み不要だと思ったら閉じて下さい。）

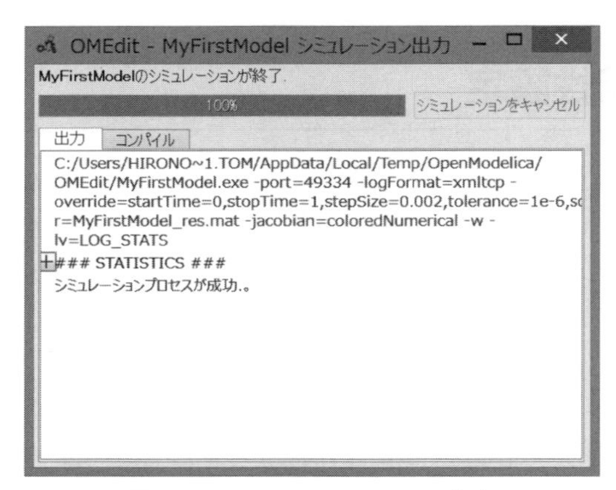

図 A-8　シミュレーション出力

画面が自動的に切り替わり「プロットタブ」の画面になります（図 A-9)。

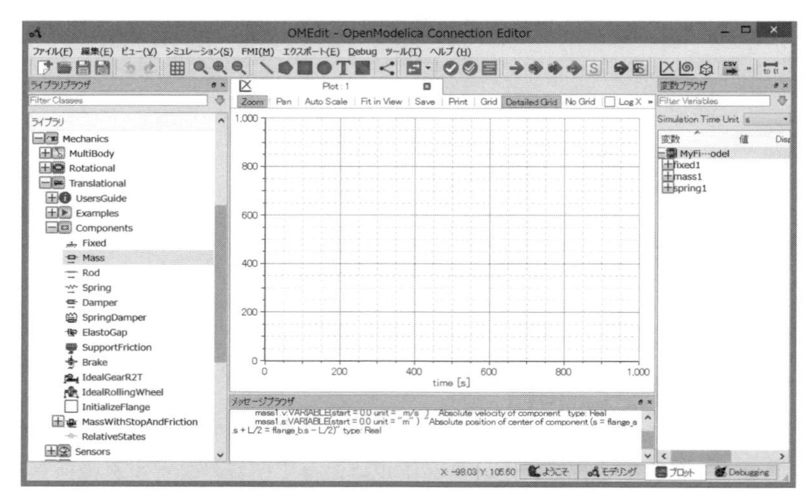

図 A-9　プロット画面

1.6　結果の表示

画面右側の「変数ブラウザ」で表示したい変数を選んでチェックを入れます。mass1 の v にチェックを入れると次のようなグラフが描けます（図 A-10)。

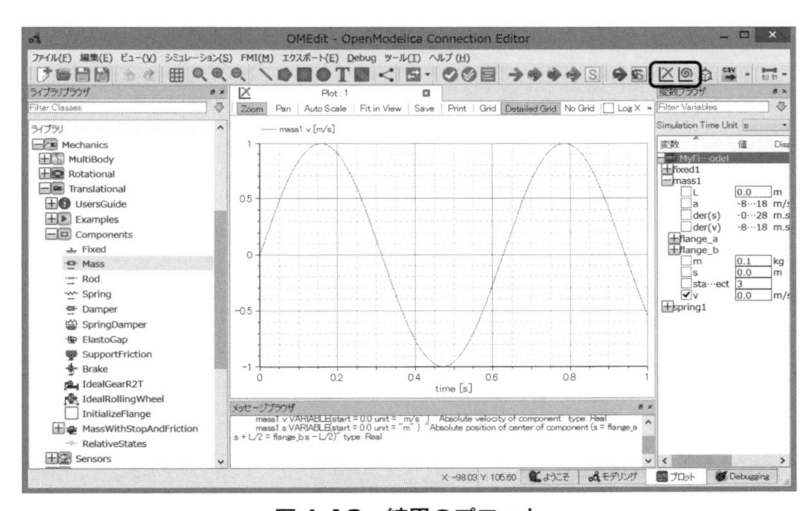

図 A-10　結果のプロット

右上の２つのボタンがグレイアウト状態から選択できる状態になると、「新規プロットウィンドウ」（時刻歴プロットの作成）、「新規 X-Y（Parametric）プロットウィンドウ」「プロットウィンドウのクリア」ができるようになります。

また新規プロットのための２つのボタンの左隣りの２つのボタンは「再シミュレーション」と「再シミュレーションのセットアップ」ボタンになります。このボタンを用いて次のような操作ができます。

再シミュレーション

「変数ブラウザ」で mass の m などのパラメータを変更して再計算

（この場合パラメータ変更だけなので、モデリング画面に戻る必要はありません）

連立方程式を解くための前処理を実行せず、過渡計算部分だけを実行することができます。

再シミュレーションのセットアップ

計算時間を変更するなどのシミュレーション条件を変更して再度計算「再シミュレーション」を行うための設定を変更するためのメニューです。設定変更後計算を実施することができます。

2. OMEdit の画面構成

モデル化から計算実行まで一通りOMEditを使ってみました。ここで改めて画面構成を見てみましょう。標準では画面上に「メニューバー」と各種の「アイコンバー」が並びます。

2.1 モデリングとプロット表示の切り替え

画面右下に見られるように4つのタブが用意されており「ようこそ」「モデリング」「プロット」「Debugging」を切り替えることができます。Modelicaツールでは「モデルを作る、接続をする」というモデリングの機能と「計算を実行する」という解析の機能、「結果を表示する」というプロットの機能が主たるものです。OMEditではこのうち「モデリング」「プロット」の二つの機能をタブで切り替えます。解析の機能についてはどちらからでも使用できるようになっています。

2.2 ライブラリブラウザ

画面の左側に縦長に位置するのがライブラリブラウザです。自分が作成するモデル（model）やブロック（block）、ライブラリ（package）はここで管理することができ、モデルを作成する際に頻繁に使用するMSL（Modelica Standard Library）も前述のようにこの中に格納されています。

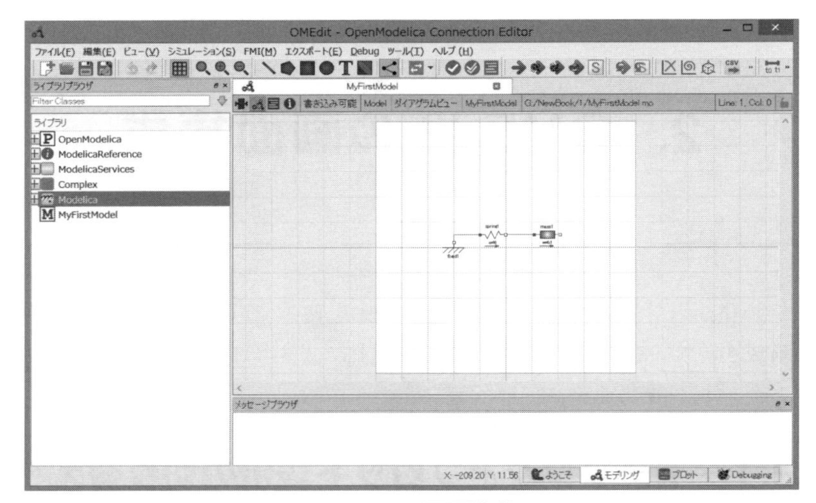

図 A-11　画面構成

2.3　メッセージブラウザ、変数ブラウザ

解析を実行すると画面下側に「メッセージブラウザ」が表示されます。またプロットウィンドウに切り替えると「変数ブラウザ」が表示されます（図 A-9 参照）。

メッセージブラウザ

右側のアイコンで表示する内容レベル「通知」「警告」「エラー」を切り替えることができます。右クリックして、表示されたメッセージを消去する「クリア」もここで実施できます。

変数ブラウザ

プロットする変数を選択します。変数ブラウザでは上部の入力欄に変数名を入れることで変数のフィルタをかけることができます。フィルタは大規模なモデルでプロットする変数を選んだり、同種の変数を比較する際などに便利です。

2.4 モデリングの 4 つのビュー

モデリングタブには表示内容によって「アイコン」「ダイアグラム」「テキスト」「ドキュメント」の 4 つの表示方法があります（図 A-12)。

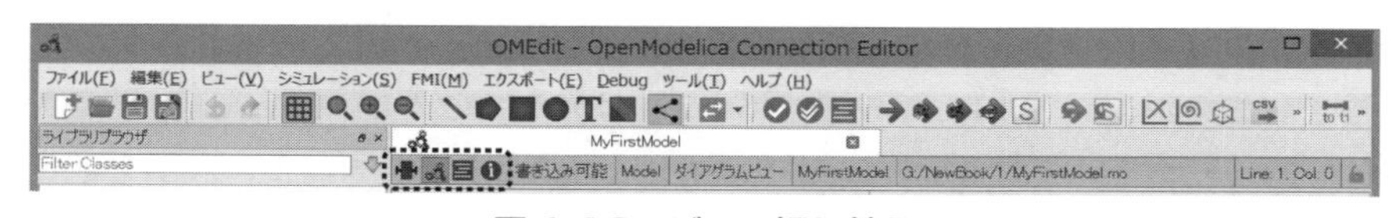

図 A-12　ビュー切り替え

各ビューの機能を表 A-1 にまとめます。

表 A-1　モデリングタブにおける 4 つのビュー

ビュー	説明
アイコン	操作しているクラス（パッケージ、モデル、関数など）をダイアグラムに表示する場合の画像、接続ポートの配置を行います。
ダイアグラム	複数の要素（モデル）を配置し接続するビューです。通常の解析用モデルを作成する場合や、モデルを階層化し別の新規モデルを作成する場合に使用します。
Modelica テキスト	Modelica のソースプログラムを示すビューです。このビューでソースコードの編集ができます。
ドキュメント	ヘルプとして表示するドキュメントを作成するビューです。Modelica では HTML でドキュメントを作成します。

もともとこれらの 4 つのビューは一つのクラスを作成したり内容を確認するためのものです。作成、確認する項目によってビューを使いわけます。

アイコンビューでは、ライブラリに登録されたModelの見え方を定義します。主に画像や文字列、コネクタを配置するのに用います。

ダイアグラムビューと Modelica テキストビューでは、モデルの構造をグラフィカルエディタ機能により定義したり、テキストエディタ機能で定義したりします。ダイアグラムビューと Modelica テキストビューは基本的に同じ内容を表示しているので、ダイアグラムに要素を追加すると、当然テキストビューにも追加された要素が書き込まれ、また変数の設定を行うと設定された変数が書き込まれます。モデルを作成する際にはダイアグラムビューで要素（オブジェクト）の配置、接続を行い、Modelica テキストビューで追加する、という使い方を行います。一方、Modelica テキストビューでオブジェクトをキーボードで入力しても、表示情報や配置情報を正しく書かないとダイアグラムビューには反映されません。表示・配置情報は annotation と呼ばれる文で宣言されますが、ツールによって annotation は異なることが Modelica の規格として認められていますので、ここでも説明は省略します。画面上に表示をさせる場合には、ダイアグラムビューで定義することを強くお勧めします。

ドキュメント・ビューではモデルの情報やヘルプに該当する項目を HTML で作成します。パラメータの意味や変数、内部式など定式化している内容などを書きます。

2.5 ブラウザ、ツールバーの表示/非表示

メニューのビュー (V) ⇒ツールバーまたはウィンドウで、表示しているツールバーやウィンドウ（ブラウザ）の表示・非表示を設定できます。

3. テキストビューでライブラリを作る

演習を兼ねて表A-2に示す構造を持つライブラリを作ってみます。完成すると定義した階層で左側のライブラリブラウザにモデルが表示されるようになります。なお最終的に実行するためのモデルはModelsの中に作成するParabolaです。Parabolaは初速度を与えた物体の放物線軌道を計算するためのモデルです。

表A-2　作成するパッケージ構造

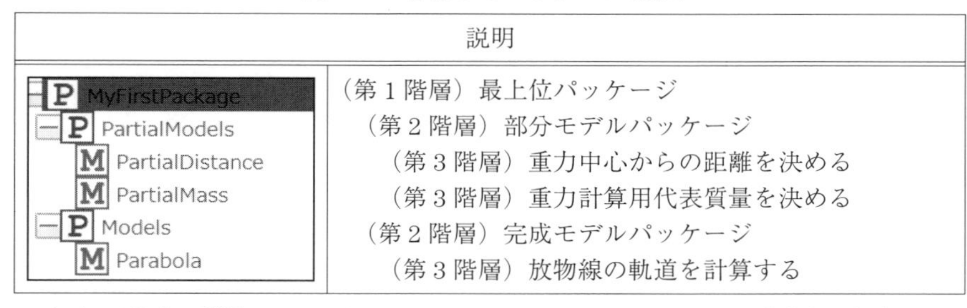

	説明
P MyFirstPackage	（第1階層）最上位パッケージ
P PartialModels	（第2階層）部分モデルパッケージ
M PartialDistance	（第3階層）重力中心からの距離を決める
M PartialMass	（第3階層）重力計算用代表質量を決める
P Models	（第2階層）完成モデルパッケージ
M Parabola	（第3階層）放物線の軌道を計算する

ライブラリ構成の説明：このライブラリではPartialModelsの中に2つの基本的な部分モデルを格納します。Modelsの中のParabolaと呼ぶモデルで放物線軌道を計算します。ParabolaはPartialModelsの2つのModelを拡張して作成します。

3.1　パッケージ構造の作成

Modelicaではライブラリをパッケージ（Package）と呼びます。最初に表A-2に示した階層構造を新規Packageクラスとして定義します。

■ 3.1.1　第1階層の定義

ファイル（F）⇒ Modelicaクラス新規作成（Ctrl+N）でクラス作成パネルが開きます。

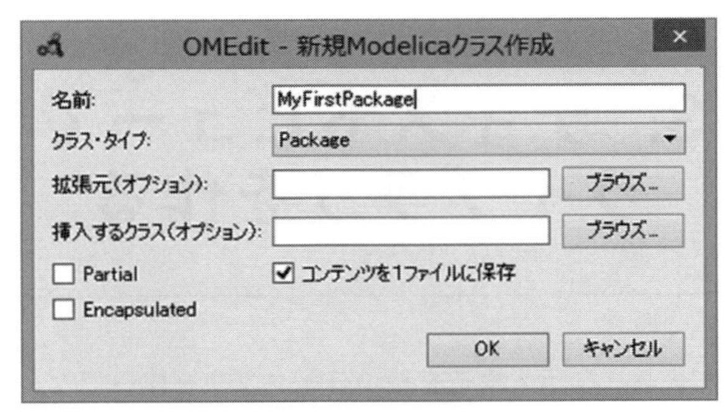

図 A-13　パッケージの定義

名前には作成するパッケージ名「MyFirstPackage」を入力します。

「OK」ボタンを押して「MyFirstPackage」作成します。

■ 3.1.2　第 2 階層の定義

次に MyFirstPackage の中に 2 つのサブパッケージ「PartialModels」「Models」を作成します。再度ファイル（F）⇒ Modelica クラス新規作成（Ctrl+N）で Package を作成します。

「挿入するクラス（オプション）」に「ブラウズ」ボタンを押して構成を確認して、上位の「MyFirstPackage」を指定します（図 A-14）。次に名前欄に「PartialModels」を入力し「OK」ボタンを押します。（同様に「Models」も作成します。）

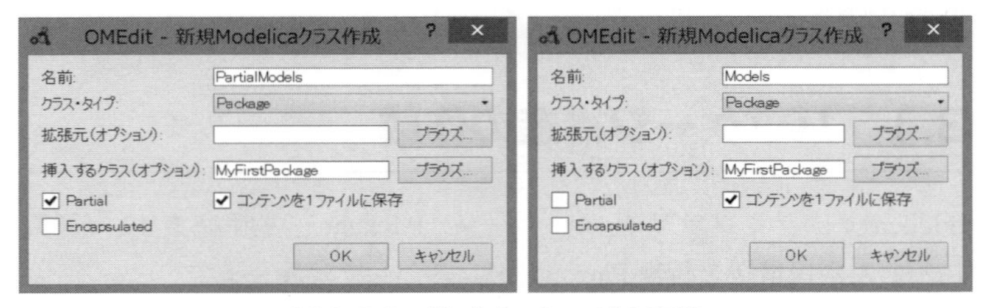

図 A-14　サブパッケージの定義

■ 3.1.3　第３階層の定義

Partial モデル

PartialModels の中に２つのモデル「PartialDistance」、「PartialMass」を作成します。今回はクラス・タイプをプル・ダウンの中から選んで「Model」とします。ファイル（F）⇒ Modelica クラス新規作成（Ctrl+N）で新規クラス作成のパネルを開きます。このモデルは Partial モデルとしますので、Partial の前の□にチェックを入れて下さい（図 A-15）。名前に「PartialDistance」を入力し、「OK」ボタンを押します。（同様に「PartialMass」も作成します。）

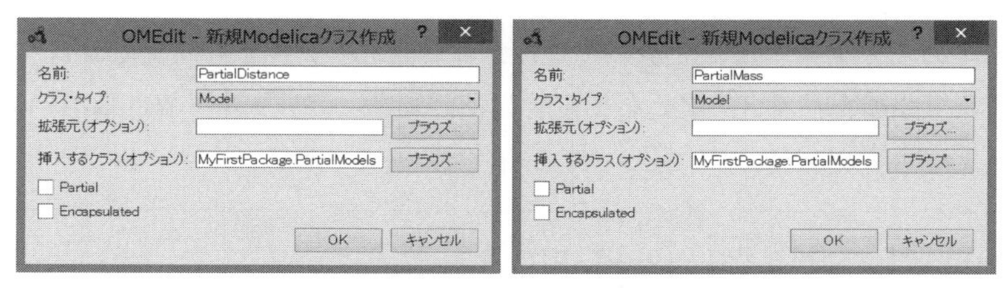

図 A-15　部分モデルの定義

実行可能モデル

最後に Models の下に実行用のモデル Parabola を作成します。ファイル（F）⇒ Modelica クラス新規作成（Ctrl+N）で今回もクラス・タイプを「Model」とします。今回は PartialDistance と PartialMass を拡張しますが、OMEdit のクラス作成ウィンドウでは拡張元を１つしか選択できません。ここでは「拡張元（オプション）」で PartialDistance を選んで下さい（図 A-16）。PartialMass は本付録の 3.2.3 のところで示すようにテキストモード（キーボード入力）で追加します。名前の欄に「Parabola」を入力、「OK」ボタンを押して作成完了です。

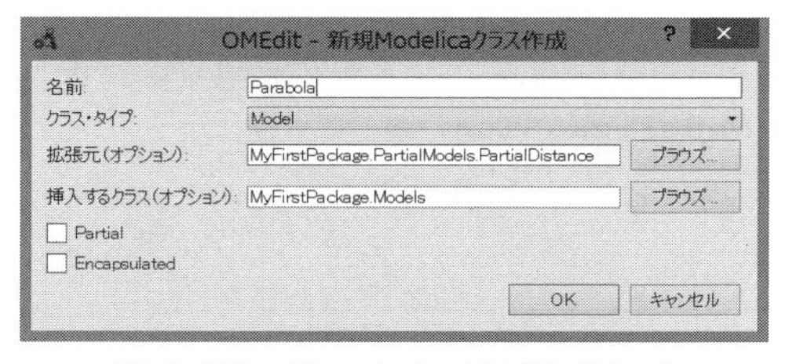

図 A-16　Parabola モデルの作成

3.2 各モデルの編集

ここまでは階層の定義しかできていません。ライブラリブラウザから各モデルを選んで、右クリックして表示されるサブメニューの「クラスを見る」でモデルを開き、モデリングビューの中で表示をModelicaテキストビューに切り替えて下さい（図A-12参照）。以下の3つについて順番に「クラスを見る」で開いて編集します。

3.2.1 PartialDistanceの完成

太字の部分をキーボードから入力します（他のモデルでも同様です）。このモデルで距離をパラメータとして定義しています。デフォルト値は地球の半径としています。

```
partial model PartialDistance
(ここに annotation(...)が数行にわたり入りますが省略しています。)
import SI = Modelica.SIunits;
parameter SI.Distance L = 6.37E6;
end PartialDistance;
```

3.2.2 PartialMassの完成

このモデルで質量をパラメータとして定義しています。デフォルト値は地球の質量としています。

```
partial model PartialMass
(ここに annotation(...)が入りますが省略しています。)
import SI = Modelica.SIunits;
parameter SI.Mass M = 5.972E24;
end PartialMass;
```

■ 3.2.3　Parabola の完成

このモデルでは、水平（X）方向から上方へ角度 alpha、速度 V0 で打ち出した場合の X、Y（垂直）方向の距離を計算します。

```
model Parabola
extends MyFirstPackage.PartialModels.PartialDistance;
extends MyFirstPackage.PartialModels.PartialMass;
import SI = Modelica.SIunits;
SI.Distance Y;
SI.Distance X;
parameter SI.Angle alpha = 3.14 / 4;
parameter SI.Velocity V0 = 10;
SI.Acceleration G = 6.67E-11 * M / L ^ 2;
equation
Y = V0 * sin(alpha) * time - G * time ^ 2 / 2;
X = V0 * cos(alpha) * time;
end Parabola;
```

メニューの「シミュレーション（S)」⇒「モデルのチェック」で構文等に誤りがないか確認して下さい。またモデルを閉じるには操作アイコンの下に表示されているクラス名を右クリックして「Close Ctrl+F4」を選んで下さい。

3.3　保存

ファイル（F）⇒保存　Ctrl+S　で、ファイル名として適切な名前をつけて保存しておいて下さい。

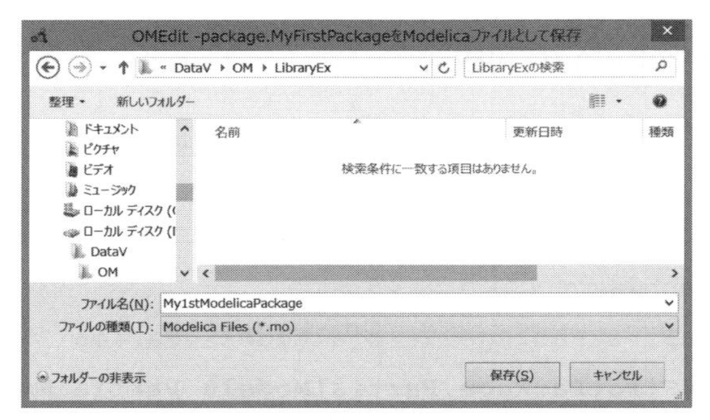

図 A-17　パッケージの保存

3.4　実行

3.4.1　モデル Parabola を直接実行する

Parabola を開いた状態で「シミュレーション（S）⇒シミュレート　Ctrl+B」で実行します。プロットビューに切り替えて結果を表示させて下さい。図 A-18 には横軸時間で X、Y の結果を重ねた図（左）と、横軸 X、縦軸 Y の X-Y プロット図（右）を示します。新規のプロットウィンドウの作成は図 A-10 を参照して下さい。

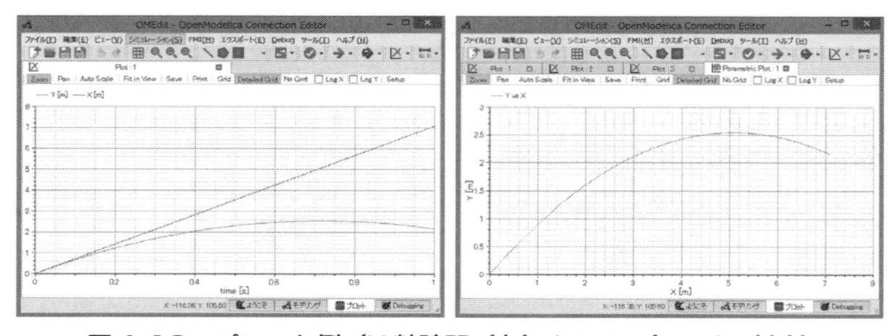

図 A-18　プロット例（X 軸時間（左）と X-Y プロット（右））

■3.4.2　新規モデル上でParabolaを実行する

新規にモデルを定義します。ここでは図A-19に示すように最上位に定義します。

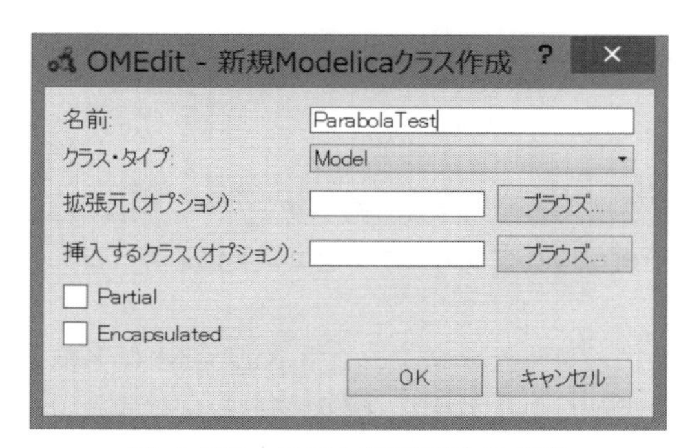

図A-19　テスト用モデルの作成

ダイアグラムビューでParabolaをモデル上に取り出します（ライブラリからドラグ・アンド・ドロップします）。ここで図A-20に示すようにまず、オブジェクト名の確認が行われます。ダイアグラム上に取り出されたオブジェクトのparabola1をダブルクリックします。図A-21右図のようにパラメータの入力画面が開きます。速度、角度の初期値を変更してみます。メニューからファイル(F)⇒保存　Ctrl+Sで保存した後、解析を実行します。このようにモデルとして登録されたクラスでは設定したパラメータの変更が容易に行えます。

図A-20　オブジェクト名確認ダイアログ

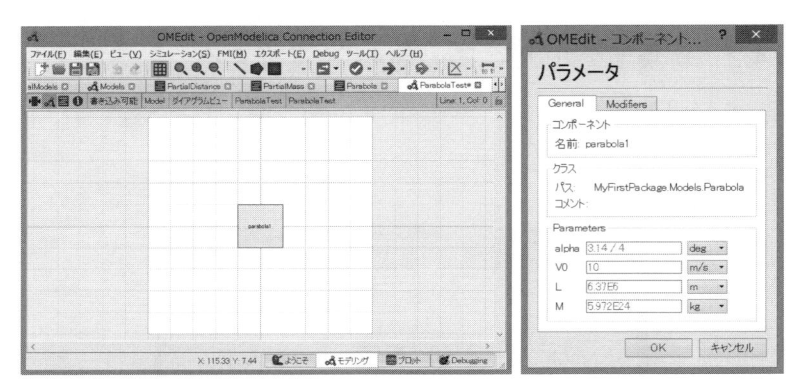

図 A-21　Parabola クラスをオブジェクト化する（右：パラメータ）

ダイアグラム上に示されたオブジェクト parabola1 は名前が表示されるだけで、直感的になんだかわかりません。それでは次にアイコンの作りかたを見てみましょう。

4. アイコンビュー

今まで式を書くこと、コネクションを作成することによりモデル作成することに力を注いで来ました。ここではアイコンビューの使い方を簡単に説明しておきます。自分自身で利用する場合にはあまり重要ではありませんが、社内などで共通ライブラリを用いてモデル作成を推進する上ではいかに分かり易く表示するかという点でアイコンは重要な意味を持ちます。

アイコンを作成するため新規にクラスを定義します。ここではコネクタを含むモデル（Modelica.Mechanics.Translational.Interfaces.PartialTwoFlanges）を「拡張元クラス（オプション）」で指定します（図 A-22）。（「拡張元（オプション）」「挿入するクラス（オプション）」は必要に応じて指定して下さい。）

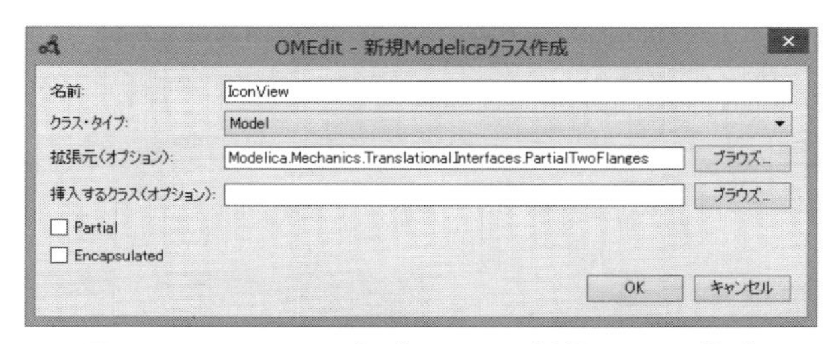

図 A-22　アイコン作成のための新規 Model 作成

このように定義するとダイアグラムビューでモデルが表示されます（図 A-23 左）。モデルは両側にコネクタが配置されたものになります。表示をアイコンビューに切り替えて表示してみます。アイコンビューにすると両側の■と□が大きくなって見えます（図 A-23 右）。これは拡張元になっている Partial TwoFlanges がアイコンビューとダイアグラムビューで異なるサイズの■と□を持っているためです。

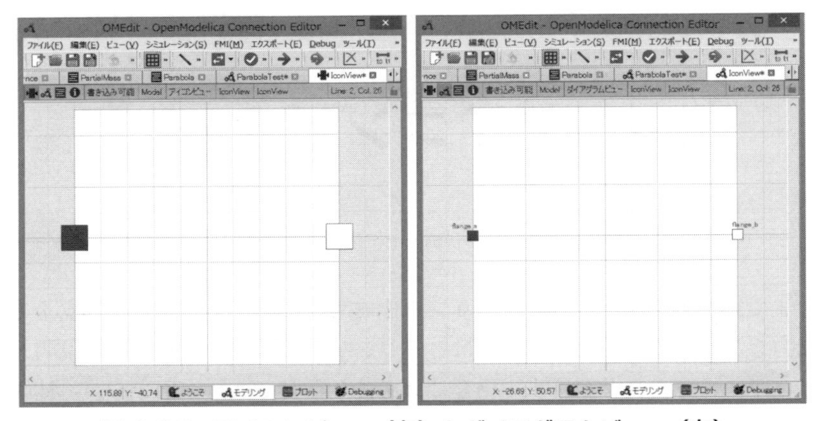

図 A-23　アイコンビュー（左）とダイアグラムビュー（右）

4.1　画像描画ツール

アイコンビュー（またはダイアグラムビュー）で図形を描く場合には、画像作成用ツール（図 A-24）を使用します。画像作成用ツールは左から直線（連続線）、多角形、四角形、円・楕円の作画と、文字列作成、画像ファイル取り入れです。これらでアイコンを描画します。描画した図形の線や塗りつぶし色を変える場合には、画像を選択して右クリックでサブメニューを出します。サブメニューの中から「特性」を選んで各特性画面で設定します（図 A-25 は Polygon の特性入力例）。

図 A-24　画像描画ツール

図 A-25　図形（多角形）の特性入力画面

4.2 アイコンビューの画像

アイコンビューで画面に描画した画像（図 A-25）は、ライブラリブラウザにも表示されるようになります（図 A-26 左）。またモデルをオブジェクト化した場合にもアイコンとして表示されます（図 A-26 右）。

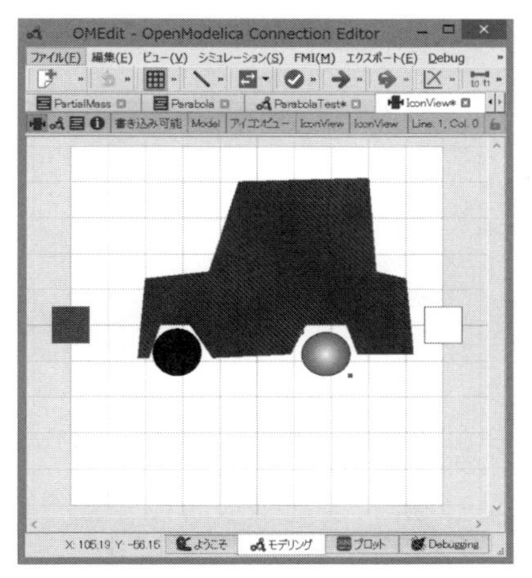

図 A-26　アイコンの作成例

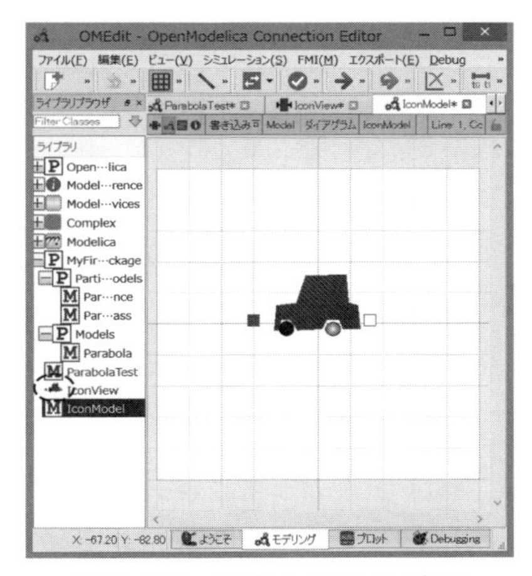

図 A-27　作成アイコンの表示
（左：ライブラリブラウザ、
右：ダイアグラムビュー）

OpenModelica OMEdit の操作方法についてモデル化から解析実行・結果表示まで「GUI」を用いたモデル化方法と、「テキストエディタ」を主に使ったモデル化方法の 2 つを紹介しながら説明してきました。最後にアイコンの作成方法も説明してきました。これで一通り OMEdit を使ってモデルを作成することができるようになりました。本書の例題などを実際に組んで Modelica を楽しんでください。

参考文献

書籍

Michael M. Tiller：Introduction to Physical Modeling with Modelica、Springer（2001）

古田　勝久監訳：Modelicaによる物理モデリング入門、オーム社（2003）

Peter Fritzson：Principles of Object-Oriented Modeling and Simulation with Modelica 2.1、Wiley-IEEE Press（2004）

Peter Fritzson：Introduction to Modeling and Simulation of Technical and Physical Systems with Modelica、Wiley-IEEE Press（2012）

大畠　明監訳：Modelicaによるシステムシミュレーション入門、TechShare（2014）

Peter Fritzson：Principles of Object-Oriented Modeling and Simulation with Modelica 3.3: A Cyber-Physical Approach、Wiley-IEEE Press（2014）

論文

加藤　利次：自動車電源システムのVHDL-AMSによるモデリングとそのシミュレーション、GSユアサ Technical Report、第11巻第1号、pp.1-8（2014）

WEBサイト

Modelica® - A Unified Object-Oriented Language for Systems Modeling Language Specification Version 3.3 Revision 1、Modelica Association（2014）
https://www.modelica.org/documents/ModelicaSpec33Revision1.pdf

Xogeny社（Michael M. Tiller博士が社長を務める会社）
Modelica Web Reference
http://modref.xogeny.com/
Tour of Modelica
http://tour.xogeny.com/

索 引

■A■

abs ………… 55
acos ………… 54
across ………… 143
actualStream ………… 57
algorithm ………… 23, 58, 78, 145
always ………… 34, 101
asin ………… 54
assert ………… 64
atan ………… 54
atan2 ………… 54
attribute ………… 31, 32
avoid ………… 34, 101

■B■

base class ………… 7, 58
block ………… 67, 75
Boolean ………… 12, 13, 32, 35

■C■

cardinality ………… 57
ceil ………… 55
change ………… 56
class ………… 3, 5
connector ………… 68, 72, 79, 80, 93
connect ………… 63, 74, 98, 153
constant ………… 17
constrainedby ………… 62
cos ………… 54
cosh ………… 54

■D■

default ………… 34, 101
delay ………… 57
der ………… 30, 54, 76
derived class ………… 7, 58
discrete ………… 17
displayUnit ………… 32
div ………… 55

■E■

edge ………… 56
else ………… 132
elseif ………… 132
elsewhen ………… 48
encapsulated ………… 68, 84
end if ………… 15, 45
end when ………… 48, 49
enumeration ………… 12, 14
equation ………… 4, 20, 24
exp ………… 54
extends ………… 6, 7, 57, 59, 61

■F■

fixed ………… 32, 33, 35
Flange ………… 94
floor ………… 55
flow ………… 73, 143
FMI ………… 91
for ………… 51
function ………… 68, 75

■G■

getInstanceName ……… 57

■H■

homotopy ……… 57

■I■

Identifier ……… 15, 79
if ……… 15, 45
import ……… 84, 94
inheritance ……… 6, 58
initial ……… 56
initial algorithm ……… 31
initial equation ……… 31, 134
inner ……… 85
input ……… 45, 67, 68
instance ……… 5
inStream ……… 57
Integer ……… 12, 13, 32, 35

■L■

log ……… 54
log10 ……… 54

■M■

max ……… 32, 35, 43
min ……… 32, 35, 43
mod ……… 55
model ……… 67
Modelica Standard Library ……… 7, 53, 59, 91, 169, 177
MSL ……… 7, 53, 59, 91, 169, 177

■N■

Naming Convention ……… 79
never ……… 34, 101
noEvent ……… 56
nominal ……… 32

■O■

object ……… 5
OMEdit ……… 65, 164
ones ……… 43
OpenModelica ……… 167
OpenModelica Connection Editor … 167
operator ……… 42, 68
operator function ……… 68
operator overloading ……… 42
operator record ……… 68
outer ……… 85
outer function ……… 89
output ……… 45, 67, 68

■P■

package ……… 67, 68, 69
package.mo ……… 71
package.order ……… 71
parameter ……… 4, 17
partial class ……… 58
pre ……… 56
prefer ……… 34, 101
protected ……… 18
public ……… 18

■Q■

quantity ……… 32

■R■

Real ……… 4, 12
record ……… 67, 78
redeclare ……… 60
reinit ……… 48, 113
rem ……… 55

replaceable …… 60, 62

■S■

sample …… 56
semilinear …… 57
sign …… 55
sin …… 54
sinh …… 54
size …… 43
smooth …… 56
spatialDistribution …… 57
Specialized Class …… 67
sqrt …… 54
SSP …… 91
start …… 25, 30, 31, 32, 33
stateSelect …… 34
StateSelect …… 163
String …… 12, 13, 32
subclass …… 7, 58
sum …… 43
superclass …… 7, 58

■T■

tan …… 54
tanh …… 54
terminal …… 56
then …… 15, 45, 48, 49
through …… 143
transpose …… 43
type …… 14, 67

■U■

unit …… 32

■V■

variability …… 17
visibility …… 18

■W■

when …… 48, 49
within …… 72

■Z■

zeros …… 43

■あ■

アクロス変数 …… 73, 94, 96, 104, 143

■い■

イベント …… 54
因果 …… 8, 67, 75, 145, 146
インスタンス …… 5, 79

■え■

演算子多重定義 …… 42

■お■

オブジェクト …… 5

■か■

拡張 …… 7, 57, 61

■く■

組込み関数 …… 53
クラス …… 3, 4, 5
繰り返し …… 35, 43

■け■

継承 …… 6, 57

■こ■

交換可能 …… 60
コメント …… 3, 19, 96

■さ■

サブクラス……7, 58

■し■

時間イベント……55
識別子……15
条件分岐……43

■す■

数学関数……41, 53, 92
スーパークラス……7, 58
スルー変数……73, 94, 96, 118, 143, 147

■せ■

ゼノ効果……114

■そ■

ソート……161
属性……31, 163

■つ■

通常イベント……55

■と■

等式……4, 8, 46
特化したクラス……67

■の■

ノンフロー変数……73

■は■

排他的論理和……44
配列……35
派生クラス……7, 58
バリアビリティ……17
範囲……52

■ひ■

ビジビリティ……18
非因果……5, 7, 8, 73, 143, 145, 148

■ふ■

部分クラス……58
フラット化……160
フランジ……94
フロー変数……73, 96, 143

■へ■

ベースクラス……7, 58, 59, 101

■も■

モデル……3

■る■

ルックアップルール……83

■ろ■

論理演算子……15, 43
論理式……43

■ 著 者 略 歴 ■

広野　友英（ひろの　ともひで）

東京工業大学大学院修士課程修了（1984）、松下電器産業株式会社（現パナソニック株式会社）、株式会社電通国際情報サービスを経てニュートンワークス株式会社（2013 ～）。現在執行役員兼 CAE 総合開発センター副所長。

はじめての Modelica プログラム

2017 年 10 月 20 日　初版第 1 刷発行

著　者　　広 野 友 英
発行人　　重 光 貴 明
発行所　　TechShare 株式会社
〒135-0016 東京都江東区東陽 5-28-6 TS ビル
TEL 03-5683-7299（編集）
TEL 03-5683-7293（販売）
URL　http://techshare.co.jp/publishing
Email　info@techshare.co.jp
印刷及び DTP　三美印刷株式会社

ISBN 978-4-906864-09-6　Printed in Japan